丰镇市气象灾害防御规划

《丰镇市气象灾害防御规划》编委会

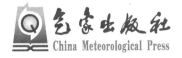

气象出版社
China Meteorological Press

内 容 简 介

本书根据丰镇市的实际情况,综合相关部门的有关资料和研究成果,在开展气象灾害现状调查,深入研究气象灾害成因、特点及分布规律的基础上,完成了分灾种的气象灾害风险区划,明确了不同气象灾害设防指标,提出了气象灾害防御管理和基础设施建设的具体要求,是一个基础性、科学性、前瞻性、实用性、可操作性较强的指导性规划,对丰镇市人民政府指导防灾减灾和应对气候变化具有十分重要的意义。

图书在版编目(CIP)数据

丰镇市气象灾害防御规划/《丰镇市气象灾害防御规划》编委会编著. — 北京:气象出版社,2019.12

ISBN 978-7-5029-7129-8

Ⅰ.①丰… Ⅱ.①丰… Ⅲ.①气象灾害-灾害防治-丰镇 Ⅳ.①P429

中国版本图书馆 CIP 数据核字(2019)第 285121 号

出版发行:气象出版社

地　　址:北京市海淀区中关村南大街 46 号　　　　邮政编码:100081

电　　话:010-68407112(总编室)　010-68408042(发行部)

网　　址:http://www.qxcbs.com　　**E-mail**:　qxcbs@cma.gov.cn

责任编辑:黄海燕　　　　　　　　　　　　终　　审:吴晓鹏

责任校对:王丽梅　　　　　　　　　　　　责任技编:赵相宁

封面设计:博雅锦

印　　刷:北京建宏印刷有限公司

开　　本:710 mm×1000 mm　1/16　　　　印　　张:5.25

字　　数:70 千字

版　　次:2019 年 12 月第 1 版　　　　　　印　　次:2019 年 12 月第 1 次印刷

定　　价:36.00 元

本书如存在文字不清、漏印以及缺页、倒页、脱页等,请与本社发行部联系调换。

《丰镇市气象灾害防御规划》
编委会

主　编：张　军

副主编：王京平

成　员：于文英　邓　波　李效珍　刘建梅

安进财　吴雪彤　高英姿　鲁宇星

彭青柏　彭俊辰

前　　言

　　丰镇市位于内蒙古自治区乌兰察布市东南部,晋、冀、蒙三省区的结合部位,地貌特征以山地、丘陵及冲积、洪积平原为主。丰镇市地处温带大陆季风气候区,属半干旱和半湿润交错地带。干旱、冰雹、霜冻、暴雨洪涝、大风、雷电、沙尘暴等气象灾害时有发生,对人民生命财产安全造成严重影响。由气象原因引发的内涝、森林草原火灾、病虫害等气象次生灾害也较为严重。据统计,气象灾害损失占所有自然灾害总损失的 70% 以上,对全市人民生命财产安全、经济建设、农业生产、水资源、生态环境和公共卫生安全等影响严重,特别是近年来极端天气频发,气象灾害发生概率增大,对全市经济社会发展和人民生命财产构成严重威胁。

　　根据丰镇市的实际情况,综合相关部门的有关资料和研究成果,在开展气象灾害现状调查,深入研究气象灾害成因、特点及分布规律的基础上,完成了分灾种的气象灾害风险区划,明确了不同气象灾害设防指标,提出了气象灾害防御管理和基础设施建设的具体要求,并结合《中华人民共和国气象法》《内蒙古自治区气象条例》等法律、法规,特编制了《丰镇市气象灾害防御规划》一书,对丰镇市人民政府指导防灾减灾和应对气候变化具有十分重要的意义。

编者

2019 年 9 月

目　　录

第1章 指导思想、原则和目标

1.1 指导思想

以科学发展观为指导,促进人与自然和谐发展,确保人民生命财产安全,最大限度减少经济损失,保障社会稳定为主要目的;以防御突发性气象灾害为重点,着力加强灾害监测预警、防灾减灾、应急处置工作,建立健全"党委领导、政府主导、部门联动、社会参与"的气象防灾减灾体系;以促进丰镇市经济和社会全面、协调、可持续发展为宗旨,充分发挥政府各部门、基层组织、各企事业单位在防灾减灾中的作用。

1.2 基本原则

1.2.1 坚持以人为本的原则

在气象灾害防御中,把保护人民的生命财产放在首位,完善紧急救助机制,最大限度地降低气象灾害对人民生命财产造成的损失。改善人民生存环境,加强气象灾害防御知识普及教育,实现人与自然和谐共处。

1.2.2 坚持以预防为主的原则

气象灾害防御立足于预防为主,防、抗、救相结合,非工程性措施与工程性措施相结合。大力开展防灾减灾工作,集中有限资金,加强重点防灾减灾工程建设,着重减轻影响较大的气象灾害,并探索减轻气象次生灾害的有效途径,从而实行配套综合治理,发挥各种防灾减灾工程的整体效益。

1.2.3　坚持统筹兼顾,突出重点的原则

气象灾害的防御要实行"统一规划,突出重点,分步实施、整体推进"的原则。采取因地制宜的防御措施,按轻重缓急要求,推进区域防御,逐步完善防灾减灾体系。集中资金,合理配置各种减灾资源,减灾与兴利并举,优先安排气象灾害防御的基础性工作和重大气象灾害易发区的综合治理,做到近期与长期结合、局部与整体兼顾。

1.2.4　坚持依法科学防灾的原则

气象灾害的防御要遵循国家和内蒙古自治区有关法律、法规及规划,并依托科技进步与创新,加强防灾减灾的基础和应用科学研究,提高科技减灾水平。经济社会发展规划以及工程建设应当科学合理避灾,气象灾害防御工程的标准应当进行科学的论证,防灾救灾方案和措施应当科学有效。

1.3　目的和意义

气象灾害防御规划,是气象灾害防御工程性和非工程性设施建设及城乡规划、重点项目建设的重要依据,也是全社会防灾减灾的科学指南。为了进一步强化防灾减灾和应对气候变化能力,推进丰镇市气象灾害防御体系建设,加强气象灾害的科学预测和预防,最大限度地减少和避免人民生命财产损失,根据《国家气象灾害防御规划》指导意见,编制《丰镇市气象灾害防御规划》,对构建和谐丰镇和基本实现社会主义现代化具有深远意义。

1.4　目标与任务

1.4.1　目标

（1）总体目标

加强气象灾害防御监测预警体系建设，建成结构完善、功能先进、软硬结合、以防为主和政府领导、部门协作、配合有力、保障到位的气象防灾减灾体系，提高全社会防御气象灾害的能力。到 2030 年，气象灾害造成的经济损失占 GDP 的比例减少到最低，最大限度地减少人员伤亡。工农业经济开发以及人类活动控制在气象资源的承载力之内，城乡人居气象环境总体优良；气象灾害应急准备工作认证达标单位占应申报单位的 80% 以上。

（2）近期目标（2020—2025 年）

建成气象灾害重点防御区非工程性措施与工程性措施相结合的综合气象防灾减灾体系。加强气象灾害综合监测预警网络建设；加强全市气象信息接收设施建设，信息覆盖率达 100%；完成各乡镇气象灾害防御信息站标准化建设；加强气象条件所引发的交通安全、疾病流行、火灾等公共安全工作。

（3）远期目标（2026—2030 年）

按照丰镇市经济社会发展总体规划、任务和要求，加速气象防灾减灾工程和非工程体系的建设。建成气象多灾种预报预警系统，加大气象灾害易发区域的工程治理力度，实施重点水利工程；按照城镇规划要求，中心城镇按 100 年一遇标准建设；提升主要中心城镇和重点工业园区防洪除涝建设能力，按 50 年一遇防洪、30 年一遇除涝的标准完善配套；各类防汛防旱、城镇防洪、交通防灾等工程性建设基本适应丰镇市基本实现社会主义现代化发展的要求，进一步推动丰镇市气象防灾减灾事业的全面发展。

1.4.2　主要任务

（1）推进气象灾害防御应急体系建设

以建立全社会气象灾害防御体系为目标，逐步形成防御气象灾害的分级响应、属地管理的纵向组织指挥体系和信息共享、分工协作的横向部门协作体系。建立和完善《气象灾害应急预案》《防洪防旱应急预案》《雷电灾害应急预案》等专项预案。进一步细化各部门和各灾种专项气象灾害应急预案，组织开展经常性的预案演练。

（2）完善气象灾害监测预警平台建设

按照气象防灾减灾的要求，建立"统一业务、统一服务、统一管理"的气象灾害监测预警平台，形成综合观测、数据传输和处理、预报预警、信息发布为一体的气象业务系统，不断提高气象灾害精细化预报预警能力。气象灾害监测预警信息服务受众面达100％。

（3）提高暴雨洪涝防御能力建设

针对可能发生的暴雨洪涝灾害，制定防御方案，为各级防汛机构实施指挥决策和防洪调度、抢险救灾提供依据。建立各部门协同作战机制，做到防御标准内暴雨洪涝不出险不失事，确保重要交通干线的安全；遇超标准洪水，通过科学调度和全力抢险，确保主要永定河上游流域及内陆河流域重要水利工程的安全，避免人员伤亡，减少经济损失。

（4）完善城镇和区域防洪排涝设施

与丰镇市现有城镇规划相配套，进一步加强重点城镇防洪工程建设，不断完善中心城镇50年一遇防洪标准，城镇新区建设地面标高达到有关防洪排涝要求，避免镇区内涝成灾。健全区域防洪排涝措施，加强河流堤坝的治理和完善工作。

1.5 编制依据

依据《中华人民共和国气象法》《中华人民共和国突发事件应对法》《中华人民共和国防洪法》《气象灾害防御条例》《地质灾害防治条例》《人工影响天气管理条例》《国务院关于加快气象事业发展的若干意见》《国务院办公厅关于进一步加强气象灾害防御工作的意见》《内蒙古自治区气象条例》和《内蒙古自治区气象灾害防御条例》以及其他有关法律、法规,编制《丰镇市气象灾害防御规划》(以下简称《规划》)。

1.6 适用范围和规划期限

本《规划》是指导丰镇市气象灾害防御工作的指导性文件,适用于丰镇市区域内。规划期为 2020—2030 年,规划基准年为 2019 年。

第2章 气象灾害防御现状

2.1 气象灾害概述

丰镇市地处晋、冀、蒙三省区的结合部位,深居内陆,远离海洋,经常受冷空气的侵袭,具有显著温带大陆性半干旱、半湿润季风气候特点,平均海拔达 1400 m,因此又有明显的高原气候特征。冬季漫长而干冷,夏季短暂而暖湿。冷暖变化剧烈,雨量少,气候干燥。与此同时,温度、雨量等气象要素年际差异大,时空分布不均,干旱、冰雹、霜冻、暴雨洪涝、大风、雷电、沙尘暴等时有发生,由气象条件引发的内涝、森林草原火灾以及农业病虫害等也较为严重,对经济社会发展、工农业生产、人民群众生命财产安全以及生态环境造成较大影响。受全球气候变化影响,各类极端天气事件更加频繁,气象灾害的强度和影响程度不断加重,对丰镇市经济造成严重损失。尤其是近年来,因气象灾害造成的直接经济损失有进一步加重的趋势。

2.2 防御工程现状

2.2.1 工程设施现状

丰镇市地处内蒙古高原东沿丘陵地带,属阴山山系,东、西、北三面环山,地势较高,中间是条狭长走廊,从南向北呈阶梯状,地貌特征以山地、丘陵及冲积、洪积平原为主。干旱是丰镇市农业生产第一大气象灾害,干旱持续时间长,危害地域广,对生产的影响也很大。所以丰镇市主要的防御工程是防旱水库、水渠建设和人工影响天气(简称"人影")建设。

目前全市有九龙湾、头道沟、巨宝庄等水库防御设施,但水库规模不大,引水渠道设施基本没有,只能供应周边农牧业灌溉及饮水需求,不能应对大面积、长时间的严重干旱天气。全市建有人影炮弹作业点 2 个,人影烟炉作业点 1 个。

2.2.2　防旱能力现状

近年来,全市逐步开展水库建设,并部署引水管道,但总体规模不大,偏远地区难以覆盖。人影作业建设初步能满足增雨需求,但部分偏远地区仍缺少增雨作业设施。

2.3　非工程减灾能力现状

近年来,丰镇市气象现代化建设水平明显提高。已拥有 1 个一般国家气象观测站、1 个农田小气候观测站和 17 个区域自动气象站,启动了"气象为农村服务体系"和"农村气象灾害防御体系"两个体系建设,在各镇设立了气象助理员,在各村委会设立了气象信息员,建立了气象预报预警平台,基本实现气象预报预警信息的快速发布,但预警信息覆盖率仍然不高。在"两个体系"建设的试点镇完成了气象信息服务站建设,并开始运行,在各村委会安装了农村气象大喇叭,使气象服务信息能够直接到达农民手中。

建立了气象灾害应急响应预案。依托气象灾害短信预警平台,初步建立了政府突发公共事件预警信息发布平台,可转发和传递上级发布的突发公共事件预警信息,实现统一业务、统一服务、统一管理。

建立了汛期防灾预案、灾情速报制度、险情巡查制度、汛期值班制度和气象灾害评估制度等一系列相关制度,加强了气象灾害防治工作的管理,提高了防治质量和水平,已初步建成市、镇、村三级群测群防防灾网络。

2.4　存在问题

现有的气象灾害监测预警平台还不够完善,高速公路大雾和道路结冰状况,以及大雾、霜冻、冰雹、洪涝等的监测能力仍然不足。各部门信息尚未做到实时共享,突发气象灾害和次生灾害预警能力较低。预警信息发布尚未做到全天候、无缝隙和全覆盖。

对照经济社会发展要求,防灾减灾工程体系标准不高,对重大气象灾害的防御能力仍显不足。随着城镇建设进程加快,一些建筑活动对防灾减灾工程或防灾体系造成了影响和破坏,致使防灾减灾工程难以发挥全效,部分堤坝、排涝泵站等工程存在不同程度的老化,防御重大洪涝的能力较为薄弱。

基层和公众气象灾害主动防御能力不足、应急能力弱,社会减灾意识不强,防灾减灾法规不健全,缺乏科学的气象灾害防御指南,气象灾害防御知识培训不够普及,防灾减灾综合能力薄弱,全社会气象防灾减灾体系有待进一步完善。

第3章 自然环境与社会经济背景

气象灾害的形成及其成灾强度,既取决于自然环境变异而形成的灾害频度和强度,也受制于人类活动的影响,还取决于经济结构和社会环境。孕灾环境是孕育灾害的"温床",是岩石圈、大气圈、水圈、生物圈和冰雪圈等组成的相互联系、相互作用的综合地球表面环境,即是由下垫面地理因子、气候系统、社会经济等三部分组成。

3.1 地理位置

丰镇市位于内蒙古自治区中南部,河北省、山西省、内蒙古自治区三省区交界处,地理坐标为北纬 $40°18'27''\sim40°48'28''$,东经 $112°47'31''\sim113°47'18''$,是自治区的南大门,素有"塞外古镇、商贸客栈"之称(图 3.1)。丰镇市总面积 2722 km²,辖 3 乡、5 镇、5 个街道,2017 年总人口 35.1 万人。丰镇总面积 2704 km²,耕地面积 92.67 万亩[①],其中水地 18.5 万亩。土壤以栗钙土、灰褐土为主,占总面积的 54.96% 以上。

3.2 地形地貌特征

地貌特征以山地、丘陵及冲积、洪积平原为主。地形由西、北、东向中南部呈阶梯状递降(图 3.2)。平均海拔 1400 m,最高处为浑源夭乡黄石崖山(同时也是乌兰察布最高峰),主峰 2335 m,最低处为新城湾镇圪塔村南饮马河床,海拔 1172 m。

---

① 1 亩=1/15 公顷,余同

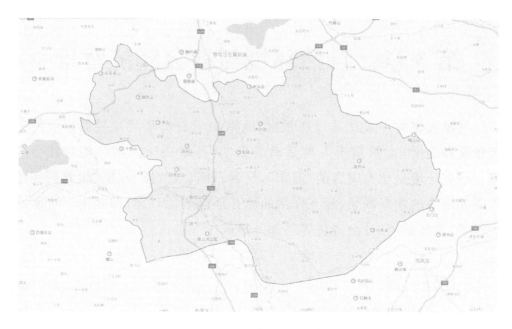

图 3.1　丰镇市地理位置

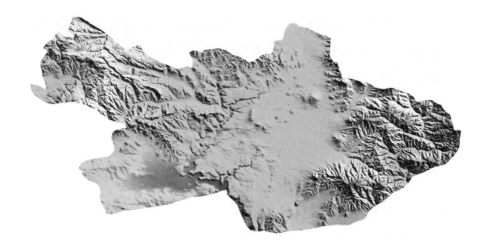

图 3.2　丰镇市地形

3.3　气候概况

丰镇市地处温带大陆季风气候区,属半干旱和半湿润交错地带。年平均气温为 5.09℃,最热月为 7 月,平均气温为 20.4℃,最高气温为 36.5℃;最冷月为 1 月,平均气温为 −13.5℃,最低气温为 −37.5℃,最高与最低极端气温差 74℃。≥0℃ 积温为 2400～3000 ℃·d,≥5℃ 有效积温为 2100～2900 ℃·d,平均无霜期 124 d,最长 155 d,最短 95 d。丰镇市平均降水 400 mm,最多的 1978 年为 663.4 mm,最少的 1965 年为 220.2 mm。降水季节分配不均,6—8 月降水 270 mm 左右,占年降水量的 65% 以上。全年降水相对变率为 23.7%。年平均湿度为 40%～60%,最大为 64%,最小为 45%。丰镇市晴天日数多,大气透明度好。年日照时数为 2800～3100 h,年平均辐射量约 548 J/cm²,一年当中 12 月最小,约 25 J/cm²,5 月最大约 67 J/cm²。光合有效辐射率为 43%。丰镇市年平均风速 3 m/s,7—8 月大风日数平均为 31 d,大风常伴随沙尘。年内平均风速以 4 月最大,一般为 4.7 m/s,6 月最小为 2.17 m/s。

3.4　水利资源

丰镇市水资源总量为 2.8 亿 m³,其中地下水资源 1.48 亿 m³,日可开采量为 9.6 万 t。丰镇市的河流由永定河、内陆河两个水系构成,以永定河流域为主。丰镇市大部分河流为永定河上游流域。较大河流有饮马河、巴音图河、阳河、黑河、官屯堡河等。永定河流域面积 2288 km²,占丰镇市总面积的 84.6%,内陆河有隆庄河、麻迷图河、三义泉河等,流域面积 416 km²,占丰镇市总面积的 15.4%。饮马河多年平均流量为 0.8 m³/s。

3.5　社会经济条件

全市总面积 2722 km²，辖 3 乡、5 镇、5 个街道办事处，总人口约 34 万，其中城区人口约 13.7 万。有蒙、汉、回、满等 15 个民族，少数民族人口 5700 多人，其中蒙古族 1870 多人。

清雍正十三年(1735 年)设行政建制，乾隆十五年设丰川厅，民国三年改厅建县。新中国成立初期，曾两度为绥蒙区党委、政府和晋绥军区所在地。1990 年经国务院批准撤县设市，1998 年被国务院批准为对外开放城市，2003 年经国务院批准由自治区直辖，乌兰察布市代管。

丰镇市区位优越、交通便利，历史上就是一个重要的商品集散地和晋商通往蒙古、俄罗斯的主要通道。境内有京包、大准两条电气化铁路和二河高速(内蒙古二连浩特—广西河口)、208 国道、呼阳省级公路(2014 年升级为 512 国道)穿越全境。东距首都北京 380 km，西距首府呼和浩特 160 km，南距山西大同 38 km，融入了京津冀 4 小时经济圈、呼包银榆 2 小时经济圈和蒙晋冀 1 小时经济协作区。

丰镇市自然资源比较丰富。已探明的地下矿藏 27 种，主要矿种有玄武岩、辉绿岩(丰镇黑)、石墨、铁、银等。

玄武岩矿石遍布全境，"丰镇黑"驰名中外，储量在 1200 万 m³ 以上；石墨储量 1148 万 t，铁矿储量 7000 多万吨，银储量在 300 t 以上，已达到国家中型银矿标准；全市水资源总量 14980 万 m³，其中地下水资源 8058 万 m³，地表水可利用量为 4089 万 m³。矿泉水日流量 1200 t 以上，是低钠、含偏硅酸和锶较高的优质矿泉水。风能资源丰富，年平均风速 2.3 m/s，年平均风动力 2 千瓦/(日·米²)，发展风电前景可观。红山林场有林面积 14 万亩，极具开发潜力。

近年来，丰镇市按照自治区、乌兰察布市各级党委、政府的总体安排部署，紧紧围绕富民强市目标，大力实施"生态立市、产业强市、科教兴市、和谐稳市"发展战略，凝心聚力，科学发展，全市经济社会呈现良好的发展态势。

第4章 气象灾害及其次生灾害特征

随着全球变暖,气候发生变化,丰镇市极端天气事件频发,气象灾害的次数和严重程度也正在逐渐增加,其中主要气象灾害类型有干旱、冰雹、霜冻、暴雨洪涝、大风、雷电、沙尘暴等,另外内涝、森林草原火灾、病虫害等气象次生灾害和衍生灾害也较为严重。本章根据丰镇市气象灾害形成的机理和成灾环境的区域特点,建立评估模型,对各气象灾害致灾因子的强度进行了综合评价,并结合孕灾环境和丰镇市实际情况,将各致灾因子的危险性强度划分为三级。

4.1 干旱

干旱是因久晴无雨或少雨、土壤缺水、空气干燥造成水分严重不平衡、作物枯萎、河流流量减少以及地下水和土壤水分枯竭、农作物枯死、人畜饮水不足等的灾害现象。对于丰镇市而言,影响较大的是春旱、春夏连旱和夏旱。春旱经常发生在蒙古高压控制下,多大风、沙尘天气时期。素有"十年九旱"之称,指的就是春旱。春夏连旱大多出现在 5 月中旬至 7 月中旬。夏旱发生在 6—8 月,秋旱也时有发生。干旱灾害是影响丰镇市农业生产的主要气象灾害。由于冬季的降水多少对形成干旱没有实在意义,所以仅以 3—10 月的总降水量为年度降水量来划分旱、涝或正常的等级。具体指标计算方法是:旱涝指数 $I_i=(X_i-\overline{X})/\sigma$,其中 X_i 为某年某一时段的降水量,$\overline{X}$ 为累年同一时段降水量的均值,σ 为某一时段降水量的标准差。用旱涝指数划分 7 个等级,重旱:$I_i<-1.5$;大旱:$-1.5\leqslant I_i<-1.0$;偏旱:$-1.0\leqslant I_i<-0.5$;正常:$-0.5\leqslant I_i<0.5$;偏涝:$0.5\leqslant I_i<$

1.0;大涝:1.0≤I_i<1.5;重涝:1.5≤I_i。选取丰镇市近 30 年气象数据(1981—2010 年)资料对干旱程度进行分析,据统计,丰镇市累年 3—10 月降水量均值为 368.3 mm,标准差 86 mm,旱涝指数具体如表 4.1 所示。

根据丰镇市历史灾情统计资料,干旱是丰镇市农业生产第一大气象灾害,干旱持续时间长,危害地域广,对生产的影响也很大。对照历年旱涝出现频数、频率,干旱灾害平均 3 年 1 遇。

表 4.1　旱涝指数

旱涝指数 I_i	干旱程度	干旱年数(个)	所占比例(%)
I_i<-1.5	重旱	2	6.6
-1.5≤I_i<-1.0	大旱	3	10.0
-1.0≤I_i<-0.5	偏旱	5	16.7
-0.5≤I_i<0.5	正常	10	33.3
0.5≤I_i<1.0	偏涝	6	20.0
1.0≤I_i<1.5	大涝	2	6.7
I_i≥1.5	重涝	2	6.7

利用丰镇市气象站降水资料,根据降水量的多少,通过计算干旱指数,同时结合丰镇市的实际和历年干旱灾害的统计,将丰镇市干旱危险性强度分为三级,东北部隆盛庄镇和西北部三义泉镇部分地区干旱等级高,西南部地区降水条件较好,干旱等级低(图 4.1)。

4.2　冰雹

冰雹是强对流天气的一种产物,因此多发生在白天,特别是易在对流旺盛的下午出现。统计结果表明:丰镇市降雹出现在 12—18 时的概率为79%,而发生在 10—20 时的概率为 95%,说明丰镇市降雹主要集中在午后到傍晚。丰镇市冰雹在 3 月中旬至 11 月上旬均有出现,主要集中在6—8 月,占总雹日数的 92%,发生冰雹次数最多的是 7 月,其次是 6 月,发

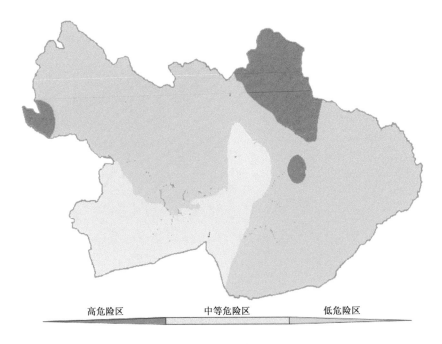

高危险区　　　　　中等危险区　　　　　低危险区

图 4.1　丰镇市干旱危险等级分布图

生冰雹的高峰也是丰镇市降雨高峰。

　　据丰镇市的历史灾情资料记载,冰雹主要在春、夏、秋季中发生,且以夏季居多。从历年的降雹资料统计来看,1960—1994 年降雹次数较多,平均两年一遇,1995 年以后雹灾明显减少,说明冰雹过程影响范围在逐渐缩小。

　　丰镇市冰雹灾害空间分布呈北多南少的趋势,根据近 30 年丰镇市及周边常规气象站历年的冰雹日数资料以及各民政部门提供的冰雹灾情资料分析冰雹出现频率,将其分为三级,得到冰雹灾害危险性等级分布(图 4.2)。由图可知,丰镇市东北部冰雹出现最多,灾情较重,由东北至西南冰雹日数逐渐减少。

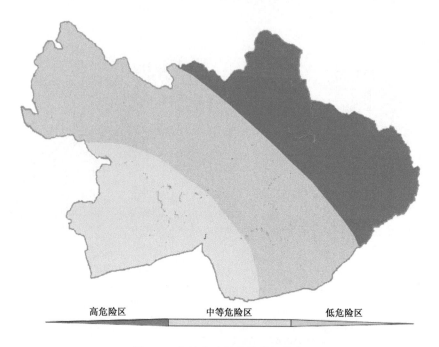

高危险区　　　　中等危险区　　　　低危险区

图4.2　丰镇市冰雹危险等级分布

4.3　霜冻

　　霜冻，广义而言，包括白霜和黑霜，它们有着不同的定义。"白霜"是指当地面或植物体温度下降到0℃或以下时，如果空气湿度比较大，则在地面或植物体上凝结成的白色晶体；"黑霜"则是指温度降到0℃或以下时，湿度不大，地面或植物体表面虽无白色晶体凝成，但已受冻害。霜冻因季节不同，有春、秋霜冻之分。气象上把一年中春季最末一次霜冻叫终霜冻，把秋季第一次霜冻叫初霜冻。终、初霜冻出现日期之间的间隔日数叫无霜期。

　　丰镇市终霜冻近30年(1981—2010年)平均结束日期是5月3日，最早结束在4月22日，最晚结束在5月23日，早晚相差1个月。初霜冻平均出现日期是10月1日，最早出现在9月18日，最晚出现在10月11日，早晚相差二十多天。年平均无霜期是 150 d,无霜期最短 131 d,最长 167 d。

根据丰镇市气象自动观测站历史日最低温度资料,统计低温(日最低温度≤0℃)频次,与海拔高度建立统计关系模型,结合丰镇市地形及作物种植区生成霜冻危险性等级分布(图 4.3)。从图中可以看出,东部和西部地区霜冻灾害严重,这与海拔高度和种植结构有很大关系。中部、南部地势平坦地区霜冻灾害较轻。

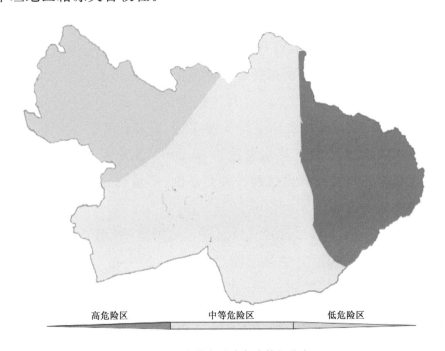

高危险区　　　　　　　中等危险区　　　　　　　低危险区

图 4.3　丰镇市霜冻危险等级分布

丰镇市的初、终霜冻,主要是由于大范围的强冷空气活动造成的平流霜,其特点是霜冻出现的范围大,危害程度严重。一般初霜冻比终霜冻的危害大。初霜冻的主要危害是使诸如高粱、玉米、葵花、大白菜等秋季作物的植株受害或停止生长,造成减产,影响作物产量以及秋收。终霜冻的危害,则主要是使种子胚芽或作物幼苗受冻或危及正在开花坐果的树木。近年来,随着全球气候变暖,低温冷害事件有所减少。

4.4 暴雨洪涝

暴雨洪涝灾害是指由一次短时或连续的强降水过程致使江河洪水泛滥、淹没农田和城乡,或因长期降雨等产生积水或径流、淹没低洼土地,造成农业或其他财产损失和人员伤亡的一种灾害,是丰镇市发生比较频繁、危害比较严重的一种气象灾害。大多数情况下,洪涝灾害都是由于降雨量过大造成,尤其是严重的、大范围的洪涝灾害都是由暴雨、大暴雨或持续大范围暴雨天气造成,也有一部分是由河流泛滥导致的洪涝,洪涝灾害已成为制约本市社会和经济可持续发展的重要因素。

丰镇市暴雨主要集中在 5—9 月。据丰镇市 1981—2010 年气象资料统计,日雨量≥50 mm 的暴雨平均 4 年 1 遇,最多的年份有 2 次暴雨,其中最大一次降水过程 24 h 降水量达 92.8 mm。无论是时间短、强度大的强对流性暴雨还是持续降雨过程导致的暴雨,雨量均过于集中,往往容易引发洪涝和地质灾害。

1981—2010 年丰镇市常规气象站降水数据显示(图 4.4),近 30 年有 8 次暴雨洪涝降水过程,其中强洪涝过程 1 次,发生在 1991 年,中等洪涝过程 3 次,分别发生在 1983、1995 和 1996 年,轻度洪涝 4 次,其中 1991 年 8 月 14 日暴雨引发的洪涝灾害,致使巨宝庄倒塌房屋 125 间,受淹房屋

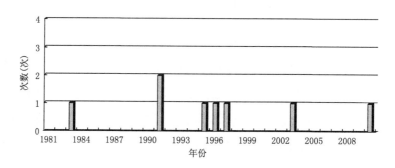

图 4.4　1981—2010 年丰镇市暴雨次数年际变化

850 间,市区街道成河,房屋倒塌 89 间,新城区大部分房屋进水受淹,造成极大的经济损失。

根据丰镇市常规气象站 1981—2010 年历年暴雨过程的日降水量和连续降雨日数来计算暴雨洪涝危险性强度指标,根据 1981—2010 年 8 次暴雨洪涝降水过程的降雨强度,叠加地形、河流和水系分布,得到丰镇市暴雨洪涝危险性等级分布如图 4.5 所示,高危险区主要分布在中部和南部乡镇(包括城区),主要因为这一区域靠近全市的暴雨中心,容易产生洪涝,沿山坡地区主要因爬坡地带降水量大而急,常年土壤水分充分,渗透相对较差,短时强降雨也可能形成洪涝灾害。东部和西部地区相对较少,尤其是高海拔地区暴雨洪涝危险性很小。

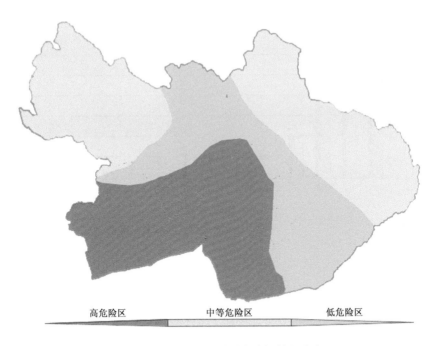

高危险区　　　　中等危险区　　　　低危险区

图 4.5　丰镇市暴雨洪涝危险性等级分布

4.5　大风

当风力达 8 级或以上（即风速大于 17 m/s）时，称为大风。大风造成的灾害主要是由强风压引起的。丰镇市地处乌兰察布南部，与大多数内蒙古地区一样，常年均可能出现大风天气，主要集中在 3—6 月，春季因受蒙古高压的影响，大风天气较多。据 2005—2018 年气象资料统计（由于 2005 年前资料有缺失），全市共出现 8 级以上大风 138 次，平均每年大风日数超过 10 d，2005、2006 和 2007 年出现最多，分别为 28 d、24 d 和 20 d（图 4.6）。出现时间以 4 月最多。资料显示，年大风日数呈递减趋势，主要与城镇化建设及造林防风有关。

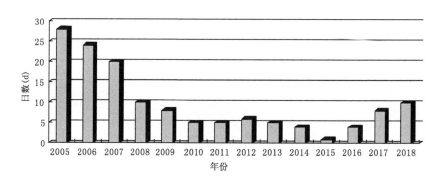

图 4.6　2005—2018 年丰镇市大风日数年际变化

丰镇市境内的大风大致可以分为冷空气大风、雷雨冰雹大风以及低气压造成的大风等。冷空气大风主要出现在春秋季节，具有范围广、时间长等特点；雷雨冰雹大风以夏季为主，范围小，时间短，强度大，破坏严重。大风主要出现在官屯堡乡、浑源窑乡、元山等地区，中部由于地势较低，很少出现大风（图 4.7）。

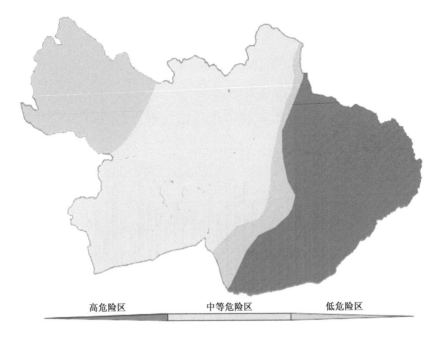

高危险区　　　　　中等危险区　　　　　低危险区

图 4.7　丰镇市大风危险性等级分布

4.6　雷电

雷电在气象学上称为雷暴。形成雷暴的积雨云高耸浓密,云顶常有大量冰晶,云内垂直方向的热力对流发展旺盛,不断发生起电和放电(闪电)现象,其机制十分复杂。在放电过程中,闪电通道上的空气温度骤升,空气中水滴汽化膨胀,甚至还有电离现象产生,短时间内空气迅速膨胀,从而产生了冲击波,导致强烈的雷鸣(打雷)。由于云中的电荷在地面上引起感应电荷,使云底与地面之间形成"闪道"。当电荷积累和其他条件(如凸出的建筑物、孤立的烟筒和旷地上的人等)具备时,就会发生闪电击地,即雷击,造成雷电灾害。雷暴是一类会带来天气剧烈变化的气象灾害,在特定条件下可聚合并发展为中尺度对流系统(Mesoscale Convective System,MCS)。干雷暴可通过云地间放电造成火灾。在古老的文明里,雷暴有着极大的影响力。

统计 1981—2010 年 30 年气象资料显示,丰镇市年平均雷暴日 39 d,为高雷区,年最多雷暴日数为 1982 年的 59 d(图 4.8)。每年的 5—9 月为雷暴的多发月份(图 4.9),占总雷暴日的 94%,每天的雷电又多发于下午至傍晚。近年气象数据显示,丰镇市年雷击灾害次数总体呈下降趋势。

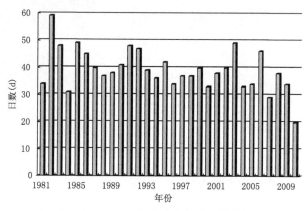

图 4.8 1981—2010 年丰镇市雷暴日数年际变化

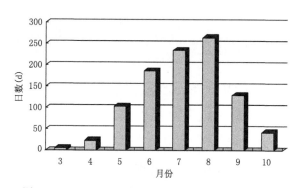

图 4.9 1981—2010 年丰镇市各月雷暴总日数分布

根据历年丰镇市气象站雷电记录数据,统计雷电发生的频率和强度,同时与周边气象观测站点闪电定位仪数据进行对比分析,并结合丰镇市地形、作物和人口稠密度等因素,作为雷电空间分布的指标,获得丰镇市雷电灾害的危险性等级分布(图 4.10)。从图中可见,丰镇市中部、南部为雷电多发区,其余地区雷电灾害发生相对较少。

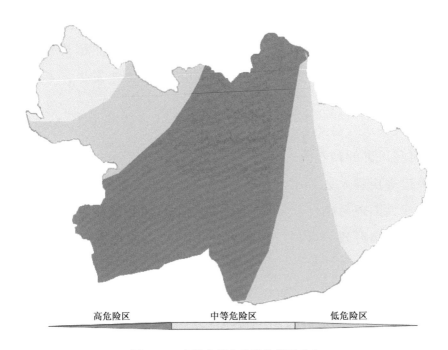

高危险区　　　　中等危险区　　　　低危险区

图 4.10　丰镇市雷电危险性等级分布

4.7　沙尘暴

沙尘暴是强风将地面大量尘沙吹起,使空气很混浊,水平能见度小于 1 km 的天气现象。沙尘天气过程分为四类:浮尘天气过程、扬沙天气过程、沙尘暴天气过程和强沙尘暴天气过程。沙尘暴主要产生在大风或强风的天气形势下,有利的沙源、尘源分布和有利的空气不稳定条件是沙尘暴或强沙尘暴形成的主要原因。同时,特殊的天气气候背景,如地面冷锋前对流单体发展成云团或飑线等也是有利于沙尘暴发展的天气系统。丰镇市所在地地貌特征以山地、丘陵和冲积、洪积平原为主,地形由西、北、东向中南部呈阶梯状递减,大部分土壤为栗钙土、灰褐土,植被较稀疏,风力较大,这样的自然条件有利于沙尘暴的产生。

丰镇市的沙尘暴日数从气象资料来看,20 世纪 80—90 年代沙尘天气较多,进入 21 世纪后有所减少,尤其是 2005 年后期明显减少,近年来,随着全社会对生态环境的重视,植树造林力度的加大,自然植被有了很大的改善,沙尘天气也相对较少,但每年春季仍有沙尘天气发生。丰镇市的沙尘天气主要出现在 4 月,占全年沙尘暴日数的 55%。

沙尘天气对社会经济和人民生活影响较大的便是沙尘暴。出现沙尘暴天气时狂风裹的沙石、浮尘到处弥漫,凡是经过地区空气浑浊,呛鼻迷眼,呼吸道等疾病人数增加。沙尘暴天气携带的大量沙尘蔽日遮光,天气阴沉,造成太阳辐射减少,几小时到十几个小时恶劣的能见度容易使人心情沉闷,工作学习效率降低。轻者可使大量的人或牲畜患呼吸道及肠胃疾病,严重时将导致大量人或牲畜死亡以及刮走农田沃土、种子和幼苗。沙尘暴还会使地表层土壤风蚀、沙漠化加剧,覆盖在植物叶面上厚厚的沙尘,会影响正常的光合作用,造成作物减产。

根据丰镇市的历史气象资料和地形以及下垫面性质等确定沙尘暴出现因子,通过计算得到丰镇市沙尘暴三级危险等级分布(图 4.11)。从图中可以看出,北部沙尘天气较少,南部和东南部沙尘暴天气较多,主要与南部和东南部地区下垫面土壤多为细沙土有很大关系。

4.8 高温

高温灾害主要是指日最高气温达到 35℃以上,生物体不能适应这种环境而引发各种灾害现象。丰镇市地处晋、冀、蒙三省区的结合部位,地貌特征以山地、丘陵及冲积、洪积平原为主,地形由西、北、东向中南部呈阶梯状递降,平均海拔 1400 m,由于海拔较高,总体上高温天气不多。盛夏季节西太平洋副热带高压西伸时,偶尔会造成本地区高温天气。在全球变暖背景下的大气环流异常,造成丰镇市近年来夏季极端高温事件时有发生。每年 6—7 月,受多种天气条件的综合影响,丰镇市偶尔会出现

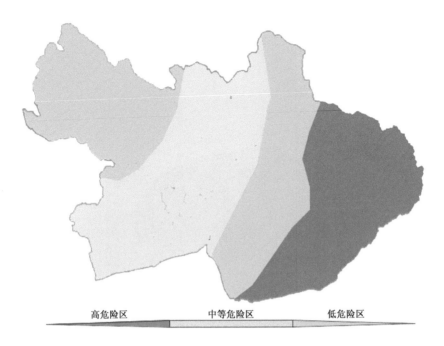

图 4.11　丰镇市沙尘暴危险性等级分布

高危险区　　　　　中等危险区　　　　　低危险区

几段高温期。根据丰镇市气象站资料分析,1981 年以来高温日数呈上升趋势,但总体上高温天气不多,偶有产生(图 4.12)。

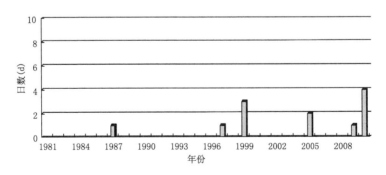

图 4.12　1981—2010 年丰镇市高温日数年际变化

　　根据丰镇市气象站日最高温度资料,统计高温(日最高温度≥35℃)日数,与海拔高程建立统计关系模型,结合地形生成丰镇市高温危险性等级分布图,并结合成灾环境将其划分为三级(图 4.13)。从图中可以看出,中部低海拔地区由于有盆地效应为高温的高发区,东南部高温出现概率也较多,其余地区由于海拔较高或降雨充沛,高温频次明显减少。

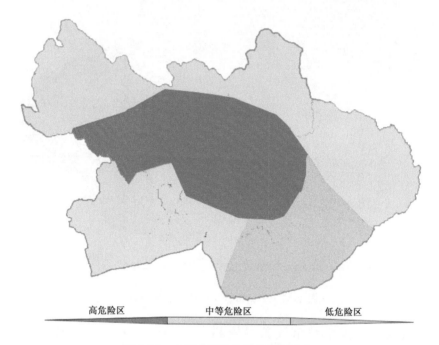

高危险区　　　　　中等危险区　　　　　低危险区

图 4.13　丰镇市高温危险性等级分布

4.9　地质灾害

　　地质灾害指自然因素或者人为活动引发的危害人民生命和财产安全的山体崩塌、山体滑坡、泥石流、地面塌陷、地裂缝、地面沉降等与地质作用有关的灾害。其中泥石流、山体滑坡等地质灾害,往往是由于局地强降雨引发的次生灾害。丰镇市三面环山,中间及南边处于平原、丘陵地带,沿山脚地带地质灾害较多,其余地区相对较少,现已查明地质灾害(隐患)点共 9 处,其中发展趋势较为稳定的 5 处,稳定性差的 4 处,主要分布于有河流经过的地方。全市地质灾害点近年来有 4 处发生事故,未造成人员伤亡,但损坏了房屋、道路、农作物等,造成了较大的直接经济损失,市内发现的地质灾害类型主要有崩塌、滑坡、泥石流等。

（1）崩塌

共计 4 处，崩塌类型为岩质、土质崩塌，与汛期强降水有直接关系，由于崩塌的突发性，平时难以防范，一旦发生，常造成较大危害。在地质灾害所造成的损失中，崩塌占 80% 以上。

（2）滑坡

市内地质灾害的次要灾种，共计 1 处，位于湖积台地边缘，原始斜坡度 45°，坡高 25 m，下伏基岩为第二系上新统砂岩。该滑坡由多个滑坡群集而成，类型以浅层土质滑坡为主，残坡积土是滑坡的主要滑动面。汛期强降雨是诱发滑坡的主要动力，在地质灾害所造成的损失中，滑坡占 10% 左右。

（3）泥石流

丰镇市沟谷深邃，地形险峻的山区会因为连续强降雨引发山体滑坡并携带大量泥沙以及石块。泥石流流动的全过程一般只有几个小时，短的只有几分钟，是一种分布于一些具有特殊地形、地貌状况地区的自然灾害。这是山区沟谷或山地坡面上，由暴雨、冰雪融化等水源激发的、含有大量泥沙石块的介于挟沙水流和滑坡之间的土、水、气混合流。泥石流大多伴随山区洪水而发生。它与一般洪水的区别是洪流中含有足够数量的泥沙石等固体碎屑物，其体积含量最少为 15%，最高可达 80% 左右，因此比洪水更具破坏力。

4.10 农业气象灾害

4.10.1 主要农业气象灾害

丰镇市主要的农业气象灾害有干旱、霜冻、洪涝、大风、冰雹等。在所有的气象灾害中，旱涝灾害对农业生产的影响也最为重大。对丰镇市农业影响较大的主要有春旱、夏旱和夏涝。最近几年里几乎每年的干旱影响都比较大,给玉米、小麦、大白菜、葵花等农作物带来的损失也非常严重。例如,2015 年 6 月的干旱灾害,造成全市 7.85 万人受灾,农作物受灾面积达 31400 公顷,直接经济损失 1500 万元。2016 年 7 月,洪涝造成全市 1521 万人受灾,农作物受灾面积达 221.6 公顷,直接经济损失 150 万元。此次洪灾还造成 14 间房屋严重损坏,143 间房屋一般损坏,紧急转移人口 14 人,冲毁公路 1.5 km。

霜冻天气对农业带来的危害较大。早春时分,农作物刚刚开始返青生长,突如其来的霜冻天气往往会造成毁灭性的打击。此外,当农作物刚开始进入成熟期时,如有秋季霜冻出现,会使农作物的产量大大减少。例如,2007 年的春霜冻使得丰镇市的玉米、莜麦等农作物受到了不同程度的冻害,全市受灾面积达 153 公顷,直接经济损失达 103 万元。

冰雹在一年四季中均曾有发生,且以春、夏季居多。丰镇市春季的冰雹一般粒小质软,持续时间短,通常称之为“麻冷子”。进入夏季以后,冰雹的粒大质硬,持续时间也较长,对农作物危害严重。例如,2014 年 7 月 1 日,丰镇市城区部分地区遭受冰雹袭击,1433 人遭受灾害,受损房屋 792 间,紧急转移人口 135 人,6 个行政村的农作物受灾,受灾作物有玉米、土豆等,成灾面积 299 公顷,直接经济损失 256 万元。

4.10.2　主要农作物受灾气象指标

丰镇市主要种植的粮食作物有:马铃薯、玉米、燕麦、冷凉蔬菜等。主要种植的经济作物有各种瓜菜、胡麻、向日葵等油料作物,还有柴胡、射干、甘草、知母、白茅根等药材。适宜种植的特色农作物有红辣椒、有机蔬菜、枸杞、小茴香、绿豆、葡萄等。

(1)马铃薯

2018 年,全市马铃薯的种植面积 32.5 万亩,占粮食总播种面积的 46.4%,马铃薯产量占粮食总产量的 50% 以上,是丰镇市最主要的粮食作物。马铃薯喜欢温凉的气候环境,全生育期的适宜温度为 15～20℃,需水量中等,喜光,在全市范围均有播种。春季播种时,种薯经过冬季休眠后在 10 cm 地温达到 6～8℃时就可以播种,只要能避开晚霜,提早播种可以提高产量,过晚则不利。丰镇市的马铃薯播种期在 5 月上旬到中旬,温度条件基本能得到满足,此期间主要关注霜冻。丰镇市马铃薯开花期在 6 月末,适宜的温度为 20℃,水分条件是主要影响因子,此时出现干旱不利于保证产量,需要关注降水。开花期结束后即转入块茎形成期,这个阶段要求温度在 17～20℃为宜,土壤相对湿度在 80%,这个阶段大体上处于 7 月中旬,虽然降雨比较集中,仍然需要对土壤湿度引起关注。块茎形成后期对水分要求不高,相对湿度在 60%最佳。

(2)玉米

2018 年,全市玉米种植面积为 16.5 万亩,占粮食总播种面积的23.6%,玉米产量占粮食总产量的 25%左右,是丰镇市主要的粮食作物之一。玉米是喜温高秆作物,对水热条件要求较高,全生育期的热量条件要求 10℃积温在 2000～3000 ℃·d,在生育期内降雨量至少要达到250 mm,而且分布均匀。丰镇市降水量基本达到玉米生长的需求,同时在干旱时节进行引水灌溉能够满足玉米生长期的需水要求。玉米的播种期一般在 4 月下旬到 5 月上旬,正常的温度要求为 10～12℃,土壤含水量最低要求在 12%～14%。丰镇市春旱发生概率高,这个时期需要关注的是春季第一场接墒雨和地温稳定通过 8℃。玉米出苗—七叶期:玉米苗期要求 18℃以上的温度,对水分要求不高,较耐旱,短时间的轻旱可以促进"蹲苗",利于根系向下生长,后期抗倒伏。这个时期的服务关注点是冷害影响。玉米拔节—灌浆期需水量最多,占全生育期需水量的 50%,尤其是抽穗前的 10 d 到开花后的 20 d 是最敏感的"需水临界期",这个阶段为7 月15 日—8 月 20 日,正是雨热充沛的时期。特别要注意的是抽雄后20 d 是开花、吐丝和授粉期,是玉米产量形成的关键时期,这个时期要求土壤相对湿度达到 70%~80%,这个阶段的水分条件是气象服务最需要关注的内容。如果能够根据需求进行人工调节,采取适时灌溉等措施,可以大幅提高产量。玉米成熟期对水分要求不高,热量条件是关键因子,日平均气温 20～24℃最有利于干物质积累。气温超过 25℃或者低于 16℃均不利于提高产量和品质。这个时期的气温是气象服务最需要关注的内容。

(3)燕麦

2018 年,全市燕麦的种植面积为 11 万亩,占粮食总播种面积的 15.7%,是丰镇市种植多年的一种农作物。燕麦性喜凉爽,不耐高温干燥。生育期间需要≥5℃积温为 1300～2100 ℃·d。不同品种燕麦在温度 2～5℃的条件下,经 10～14 d 便可完成春化阶段,并能使植株提早抽穗 1～4 d。抗寒力较其他麦类强,幼苗能耐-4～-2℃的低温,成株在-4～-3℃低温下仍能健康生长,在-5℃时才受冻害。燕麦对高温特别敏感,当温度达 38～40℃时,持续 4～5 h 气孔就萎缩,不能自由开闭,而大麦须经 20～26 h,小麦经 10～17 h,气孔才会失去开闭机能。燕麦在抽穗开花至灌浆期间,高温的危害更大,将会导致结实不良,籽粒不饱满。燕麦是需水较多的饲料作物,不仅种子发芽时需吸收水量达自身重量的 65%时才萌发,而且在其生育过程中耗水量也比其他谷类作物多。试验表明,燕麦蒸腾系数为 474,而小麦为 424,大麦为 403。所以,干旱缺雨、天气酷热是限制燕麦生长和分布的重要因素。燕麦的不同生育阶段对水分的需求也是不同的,苗期耗水量是全生育期的 9%,分蘖至抽穗为 70%,灌浆至成熟为 20%。燕麦需水量最大的阶段是拔节期,是燕麦需水的临界期,此期间遭受干旱,会导致大幅度减产。因此,在燕麦拔节至抽穗期间必须有充足的水分供应。开花和灌浆阶段,需水量相对减少,但它是营养物的合成、输送和籽粒的形成时期,必须有足够的水分才能保证灌浆和籽粒饱满。燕麦的生长发育要求长日照条件,平均日照不少于 12 h。延长日照时间,抽穗和成熟提早,生育期缩短;缩短日照时间,则发育延缓,抽穗和成熟推迟,甚至不能抽穗结实。除日照长短对燕麦生长发育影响外,不同的光质也有一定的影响,试验表明,红光比白光更能促进燕表生长发育。在同一试验中,在光强度 50 lx 与 150 lx、500 lx 条件下,抽穗期仅差别 3～5 d,从而可以确定,采用 50 lx 的光强度可以达到长日照处理的效果。燕麦的抗风沙和抗倒伏性能差。因它茎秆中空,秆壁较薄,若遇大的风沙和降雨,容易倒伏。燕麦的病害主要有坚黑穗病、散黑穗病、冠锈病和秆锈病等,黏虫、土蝗、蝼蛄、金针虫和蛴螬为其主要虫害。

第5章 气象灾害风险区划

5.1 气象灾害风险基本概念及其内涵

气象灾害风险是指气象灾害发生及其给人类社会造成损失的可能性。气象灾害风险既具有自然属性,也具有社会属性,无论自然变异还是人类活动都可能导致气象灾害发生。气象灾害风险性是指若干年(10年、20年、50年、100年等)内可能达到的灾害程度及其灾害发生的可能性。根据灾害系统理论,灾害系统主要由孕灾环境、致灾因子和承灾体共同组成。在气象灾害风险区划中,危险性是前提,易损性是基础,风险是结果。

气象灾害风险性可以表达为

气象灾害风险＝气象灾害危险性×承灾体潜在易损性

式中,气象灾害危险性是自然属性,包括孕灾环境和致灾因子;承灾体潜在易损性是社会属性。

5.2 气象灾害风险区划的原则和方法

5.2.1 气象灾害风险区划的原则

气象灾害风险性是孕灾环境、脆弱性承灾体与致灾因子综合作用的结果。它的形成既取决于致灾因子的强度与频率,也取决于自然环境和社会经济背景。开展丰镇市气象灾害风险区划时,主要考虑以下原则。

①以开展灾害普查为依据,从实际灾情出发,科学做好气象灾害的风

险性区划,达到防灾减灾规划的目的,促进区域的可持续发展。

②区域气象灾害孕灾环境的一致性和差异性。

③区域气象灾害致灾因子(灾害指标)的组合类型、时空聚散、强度与频度分布的一致性和差异性。

④根据区域孕灾环境、脆弱性承灾体以及灾害产生的原因,确定灾害发生的主导因子及灾害区划依据。

⑤划分气象灾害风险性等级时,宏观与微观相结合,对划分等级的依据和防御标准作出说明。

⑥可修正原则:紧密联系丰镇市的社会经济发展情况,对丰镇市的承灾体脆弱性进行调查。根据丰镇市的发展,以及防灾减灾基础设施与能力的提高,及时对气象灾害风险区划图进行修改与调整。

5.2.2　气象灾害风险区划的方法

本区划主要根据气象与气候学、农业气象学、自然地理学、灾害学和自然灾害风险管理等基本理论,采用风险指数法、层次分析法、加权综合评分法等数量化方法,在 GIS 技术的支持下对丰镇市气象灾害风险进行分析和评价,编制气象灾害风险区划图。本区划所需的数据主要包括丰镇市常规气象站和区域自动气象站的气象数据、气象灾害的灾情数据(如受灾面积、经济损失、人员伤亡等)、地理空间数据(土地利用现状、地形、地貌、地质构造、河流分布等)、社会经济数据(如人口、GDP 等)。这些数据主要来自丰镇市气象局、自然资源局、水利部门和统计部门等的相关统计年鉴。由于研究中所需数据量大,而 GIS 又是收集、存储、整合、更新、显示空间数据的基本工具,因此首先建立了基于 GIS 的气象灾害数据库作为风险分析与识别、风险评价与区划的信息平台。本区划的技术流程如图 5.1 所示。

5.2.2.1　气象灾害风险区划的评价指标

气象灾害的致灾因子主要是能够引发灾害的气象事件,对气象灾害致灾因子的分析，主要考虑引发灾害的气象事件出现的时间、地点和强度。气象灾害强度、出现概率来自丰镇市常规气象站和区域自动站的气象要素资料，包括降水、温度、风、冰雹、低能见度、霜冻等致灾因子的出现概率和分布。

孕灾环境与承灾体潜在易损性，包括人类社会所处的自然地理环境条件（地形地貌、地质构造、河流水系分布、土地利用现状），社会经济条件（人口分布、经济发展水平等），人类的防灾抗灾能力（防灾设施建设，灾害

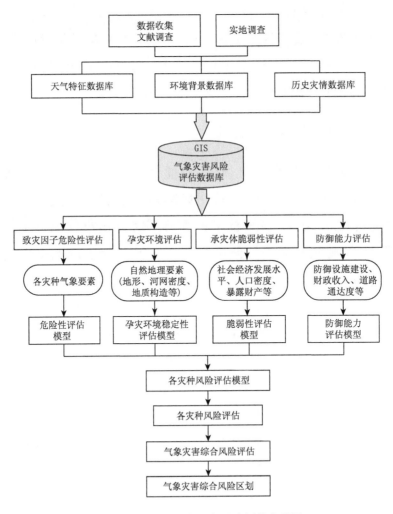

图 5.1　丰镇市气象灾害风险评估流程图

预报警报水平,减灾决策与组织实施的水平)。

5.2.2.2　气象灾害风险评价指标的量化

根据不同灾种风险概念框架选取不同的指标。由于所选指标的单位不同,为了便于计算,选用以下公式将各指标量化成可计算的 $1\sim10$ 之间的无向量指标:

$$X'_{ij} = \frac{X_{ij} \times 10}{X_{imaxj}}$$

式中,X'_{ij} 与 X_{ij} 相应表示像元 j 上指标 i 的量化值和原始值,X_{imaxj} 表示指标 i 在所有像元中的最大值。

5.2.2.3　分灾种风险评估模型的建立

考虑致灾因子危险性、孕灾环境、承灾体脆弱性和灾害防御能力,建立如下灾害风险指数评估模型:

$$DRI = (H^{W_H})(E^{W_E})(V^{W_V})[0.1(1-a)R + a]$$

$$H = \sum W_{Hk} X_{Hk}$$

$$E = \sum W_{Ek} X_{Ek}$$

$$V = \sum W_{Vk} X_{Vk}$$

$$R = \sum W_{Rk} X_{Rk}$$

式中,DRI 为各灾种灾害风险指数;H,E,V,R 分别为致灾因子危险性、孕灾环境、承灾体脆弱性和灾害防御能力因子指数;W_H,W_E,W_V,W_R 分别为其权重,在本区划中通过征求专家意见,并根据丰镇市气象灾害实际情况,将模型中致灾因子危险性、孕灾环境、承灾体脆弱性和灾害防御能力权重分别赋值,根据不同的灾种赋予不同权重。X_k 是指标 k 量化后的值;W_k 为指标 k 的权重,表示各指标对形成气象灾害风险的主要因子的相对重要性;变量 a 是常数,用来描述防灾减灾能力对于减少总的 DRI 所起的作用,考虑丰镇市的实际情况,将 a 确定为 0.8。

灾害区划是灾害普查结果的体现。以丰镇市历史灾情资料为依据,结合各种气象要素资料,通过层次分析法找出各评价因子的影响程度,建立适当的模型,计算各灾种的风险系数;根据本地实际情况,在 GIS 技术的支持下,将其划分为高、中、低 3 个等级,并绘制各气象灾害的风险区划图。

5.2.2.4　综合风险评估模型的建立

$$IDRI = \sum DRI_k W_k$$

式中,$IDRI$ 为气象灾害综合风险指数,DRI_k 为灾种 k 的风险指数,W_k 为灾种 k 的权重,是根据丰镇市每个灾种的损失情况,计算各乡镇气象灾害的风险系数时,给三级风险区分别赋以相应的权重,乘以各风险等级所占面积百分率后进行累加,最后根据各乡镇风险系数值进行排序。

气象灾害风险是政府制定规划和项目建设开工前需要充分评估的一项重要内容,目的是减小气象灾害可能带来的风险,其中一项基础性工作是气象灾害风险区划,以确定辖区内气象灾害的种类、强度及出现概率和分布。将风险评估与灾害性天气(致灾因子)和气象灾害预报紧密联系起来,与防灾减灾、灾前灾中评估挂钩,为政府及相关部门防御决策提供依据,为制定气象灾害工程和非工程措施、防御方案、防御管理等提供基础性支撑。

5.3　承灾体脆弱性分析

承灾体脆弱性是指在给定危险地区存在的所有的人和财产,由于潜在的气象危险因素而造成的伤害或损失程度。一般来说,承灾体脆弱性越低,气象灾害损失越小,气象灾害风险也越小,反之亦然。承灾体脆弱性评价是对各类受影响因子对不同气象灾害的承受能力进行分析,本区划中主要是评估丰镇市人口、社会经济财产由于潜在的气象灾害威胁而造成的伤害或损失程度。根据丰镇市实际情况,承灾体脆弱性分析选择土地利用类型、各乡镇人口、各乡镇 GDP 等作为评价指标。

土地利用类型对于人口和 GDP 的空间分布有着决定性的影响。基于耕地比重数据,利用 GIS 技术将人口和 GDP 数据空间化,针对不同的气象灾害类型,综合考虑人口和 GDP 指标,给每种土地利用类型赋予不同的脆弱性因子系数,再将不规则的脆弱性因子系数矢量多边形数据转化到规则的 1000 m×1000 m 网格上进行空间分析操作与属性运算。从而得出承灾体脆弱性的高低。

5.4　气象灾害及其次生灾害风险区划

根据上面的风险区划原则和方法,综合考虑致灾因子、孕灾环境、承灾体三个方面确立风险评价指标体系,在 GIS 支持下,分别对第 4 章中的灾种进行气象灾害风险区划。

5.4.1　干旱风险区划

在进行干旱风险区划时结合丰镇市发生干旱的因子,主要考虑了成灾因子危险性、孕灾环境敏感性、承灾体易损性 3 个方面,选取地形地貌、降水量距平百分率、人口经济等作为评价因子,得到干旱风险区划。干旱致灾因子主要选取了耕地面积比重、海拔因素等,同时考虑灌溉系统可以有效缓解干旱的因素。孕灾环境敏感性将地形以及河流作为指标;农业生产受干旱的影响最为显著,承灾体易损性主要以人口密度、农业经济密度为灌溉基本要素。最后将干旱危险性区划图、干旱敏感度区划图以及易损性区划图进行加权叠加,得到丰镇市的干旱灾害风险区划图(图 5.2)。由图可以看出,干旱高风险区主要在丰镇市的东西部及北部高山地区,中部地区由于降水偏少干旱风险较高,西南部降水较好干旱风险相对较低。西南部地区有河流及引灌系统,对缓解干旱起到了很大作用。

5.4.2　冰雹风险区划

冰雹灾害的风险区划主要选取地形地貌、冰雹发生频率、人口社会经

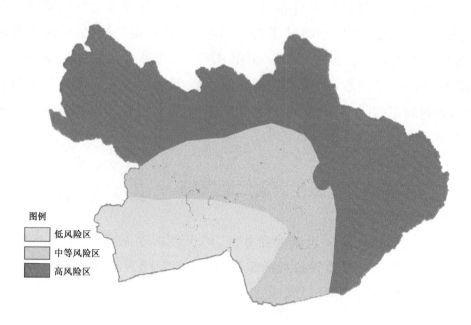

图例
低风险区
中等风险区
高风险区

图 5.2　丰镇市干旱灾害风险区划

济为评价因子,得到冰雹灾害的风险区划。由于丰镇全市的大气环流及气候状况没有明显的差异,但根据多年冰雹灾害的分析,得出冰雹灾害的区域,即冰雹易发区域。冰雹灾害危险性主要考虑冰雹灾害发生的历史频率分布情况。冰雹易损性主要以人口密度、经济密度(GDP 密度)、农作物种植面积为基本要素,根据人口密度、经济密度计算每个乡镇的人口密度指数和经济密度指数,划分等级,再赋予相应标度分值;结合各个因素对经济损失的影响程度,给予相应的权重,得到冰雹易损性区划。最后,将冰雹灾害敏感度区划图、冰雹危险性区划图以及易损性区划图进行加权叠加,得到丰镇市的冰雹灾害风险区划图。

由冰雹的风险区划图(图 5.3)可知,冰雹的风险区划总体上与冰雹发生的空间分布相对应,同时又受到地形和经济、人口密度分布以及农作物面积的影响,丰镇市北部和东部风险大,西部和中部地区较小一些,西南部地区明显减少。

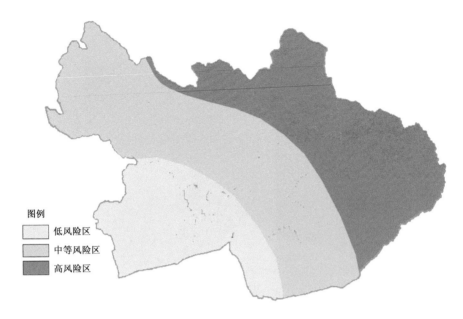

图 5.3　丰镇市冰雹灾害风险区划

图例

低风险区

中等风险区

高风险区

5.4.3　暴雨洪涝风险区划

暴雨洪涝风险区划主要从危险性、易损性、敏感性、防灾减灾能力四个方面进行综合分析得到。危险性分析主要研究该区域在特定时间内遭受的暴雨灾害强度指标、暴雨日数等；易损性分析是对研究区内的各种受影响因子进行分析，主要考虑地均人口、耕地比重、地均 GDP 等；敏感性分析是对各类受影响因子对洪涝灾害的承受能力进行分析，主要考虑高程、地形因子、河流情况；防灾减灾能力分析是指为减少洪涝灾害所致损失而进行的一系列工程和非工程措施，主要考虑人口密度和人均国民生产总值。在上述四个方面研究内容中建立相关指标，利用加权综合与层次分析法，得到暴雨洪涝灾害风险系数分布情况（图 5.4），暴雨高风险区主要集中在丰镇市南部，因南部地区人口密度大，而且从历史资料来看暴雨频率较大，风险最大。低风险区在西北部和东北部，主要是因西北部和

图 5.4　丰镇市暴雨洪涝灾害风险区划

东北部多高山丘陵地貌,降水量少,暴雨概率小,同时人口密度小,所以为低风险区。

5.4.4　大风风险区划

大风风险区划主要从危险性、暴露性、防风能力三个方面进行分析得到。危险性分析主要研究该区域有气象数据记录以来的风速、风频分布情况两个方面;暴露性分析是对研究区内的受影响因子进行分析,主要考虑常住居民情况、建筑物分布情况;防灾减灾能力分析主要考虑建筑物工程抗风能力和工业厂房分布情况。在上述方面研究内容中建立相关指标,利用加权综合与层次分析法,得到大风灾害风险系数分布情况(图5.5)。由图可见,在东部大风较多,因丰镇市盛行西北风,而丰镇市西部及北部有高山阻挡,中部、南部为低海拔丘陵地带,风被山脉抵挡,中部、南部大风灾害风险系数低,西部出现大风灾害的风险次之,东部出现大风灾害的风险高。

图 5.5　丰镇市大风灾害风险区划

5.4.5　雷电风险区划

雷电作为强对流性天气所造成的主要灾害之一,由于其成灾迅速、影响范围大、致灾方式多样,给其预报和防治带来了极大的困难。雷电灾害风险是指雷击发生及其造成损失的概率。雷电危险性主要考虑地闪发生的频次,雷电易损性主要考虑建筑物分布以及人口、经济密度进行加权叠加,得到丰镇市的雷电灾害风险区划图(图 5.6)。由图可见,丰镇市由西南往东北低海拔丘陵地带属于雷电高风险区,主要此地带是强对流天气集中区,局部地区有特殊的小气候特征。东部和西部降水偏少,对流天气少,雷电相对也少一些。

5.4.6　霜冻风险区划

霜冻风险区划主要考虑致灾因子危险性、孕灾环境敏感性、承灾体易损性三个方面,选取地形地貌、低温频率、人口经济等作为评价因子,得到

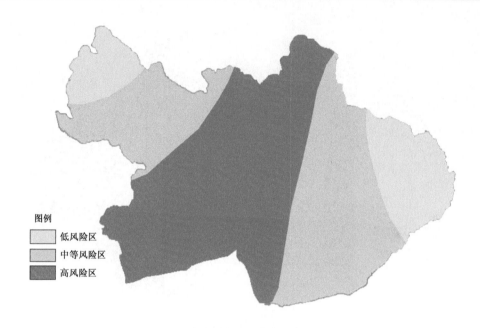

图例
低风险区
中等风险区
高风险区

图 5.6　丰镇市雷电灾害风险区划

霜冻灾害风险区划。随着海拔的升高,温度降低,低温频率也随之增加,致灾因子主要选取了海拔高程影响的低温频率;水体等下垫面有一定的保温作用,可以有效减小低温发生的概率,孕灾环境敏感性主要考虑河流因子;承灾体易损性主要以人口密度、农业布局、土地利用类型为基本要素。最后将霜冻灾害危险性区划图、霜冻灾害敏感度区划图和易损性区划图进行加权叠加,得到丰镇市霜冻灾害风险区划图(图 5.7)。由图可以看出,东部地区风险最高,西部、北部次之,南部最低,与丰镇市种植结构、海拔高度和地形构造有关。北部及东部由于大量种植玉米,秋收时节较晚,易遭受霜冻的危害,属于高风险区。

5.4.7　沙尘暴风险区划

　　沙尘暴的风险区划主要从危险性、暴露性、防风能力三个方面进行分析得到。危险性分析主要研究该区域有气象数据记录以来的风速大小分布情况、下垫面性质和海拔高度三个方面;暴露性分析是对研究区内的受

图 5.7　丰镇市霜冻灾害风险区划

影响因子进行分析,主要考虑常住居民情况、交通设施分布情况;防风能力分析主要考虑建筑物工程抗风能力和工业厂房分布情况。在上述方面研究内容中建立相关指标,利用加权综合与层次分析法,得到沙尘暴灾害风险系数分布情况(图 5.8)。由图可见,在西部高山地区和东部高海拔地区为高风险区,主要与下垫面(细沙土)性质和大风日数较多有很大关系。中部、北部和南部大部分地区沙尘暴风险很小。

5.4.8　高温风险区划

高温风险区划主要选取地形地貌、高温频率、人口与经济等作为评价因子。随着海拔升高,温度降低,高温频次也随之减少,致灾因子主要选取了高温频次;孕灾环境敏感性将地形、海拔、植被等作为指标;承灾体易损性主要以人口密度、地均 GDP 为基本要素。最后将高温危险性区划图、高温敏感度区划图和易损性区划图进行加权叠加,得到丰镇市高温灾害风险区划图(图 5.9)。由于海拔差异和人口密度等原因,中部为高温的

图例

低风险区
中等风险区
高风险区

图 5.8　丰镇市沙尘暴灾害风险区划

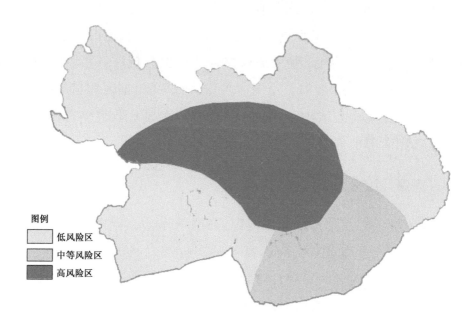

图例

低风险区
中等风险区
高风险区

图 5.9　丰镇市高温灾害风险区划

高风险区,东南部为次高风险区,北部因海拔高、气温低,南部因降水条件好,高温风险较小。

5.4.9　地质灾害风险区划

　　地质灾害的形成、发生发展是在地形(地貌)、地层岩性、地质构造、降水、地表植被、人类工程活动诸多因素的综合作用影响下产生的。丰镇市三面环山,中间为冲积平原和丘陵地带,丘陵地区以及沿山地区存在着地质灾害隐患。根据不同地质灾害的类型、时空分布规律及发展趋势,结合地质环境分区,以及气候、降水和人类工程活动等触发条件,综合分析得出丰镇市地质灾害风险区划图(图 5.10),从图可以看出,全市主要的地质灾害风险区出现在沿山底及中小河流域地区,同时在中部和南部丘陵地区也有可能发生地质灾害。

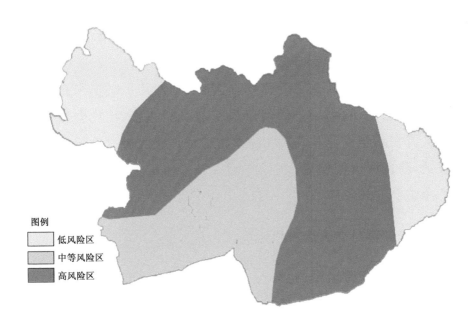

图 5.10　丰镇市地质灾害风险区划

5.5 气象灾害对敏感行业的影响

5.5.1 气象灾害对农业的影响

农业是各类产业中对气象灾害反应最敏感、受影响最强烈的产业,在全球气候变暖大背景下,农业气象灾害发生频率增加、危害程度加剧,农业生产的不稳定性增加,农业遭受气象灾害的损失增加。

气象灾害对丰镇市农业影响较大的灾种主要有旱涝、霜冻、大风和冰雹等。旱灾会引起作物干枯等,近年来由于气候异常,干旱发生的频率越来越大,带来的损失非常严重。洪涝是丰镇市的重大气象灾害之一,严重的洪涝会使农作物受到严重影响。2010 年 5 月 4 日,暴雨引发的山洪灾害,5 个乡镇、5 个办事处、50 个行政村、20 个居委会共计 23884 户、89027 人受灾,倒塌房屋 1413 间,形成危房 8205 间,造成 3 人死亡,1500 头牲畜死亡,13.8 万亩农田受灾,冲毁水利工程 110 处。

霜冻对玉米、燕麦、蔬菜等作物损害较大,尤其是对玉米影响较为严重,若发生终霜晚,刚刚出土的幼苗最易遭受霜冻害,往往会造成较大的经济损失。初霜早也会对成熟期的作物造成产量大减。大风对设施农业影响较大,易造成大棚倒塌、农作物倒伏等。冰雹主要危害各种农作物。较大的冰雹会打坏农田,造成绝收或减产。

5.5.2 气象灾害对交通运输的影响

气象条件对交通运输的影响极大,大雾、暴雨、道路结冰等都对交通运输有较大的影响。大雾时能见度较低,容易引起交通事故。能见度低于 100 m 的浓雾作为高速公路的雾害指标。暴雨对丰镇市交通的影响较为严重,会导致公路、堤坝被毁,交通受阻。在地质灾害多发区域,暴雨极易引发次生地质灾害的发生,影响交通运输。

5.5.3　气象灾害对电力的影响

气象灾害对输电线路的影响也较为严重,其中影响严重的主要有雷电、大风和电线积冰等。输电线路由于遭受雷击,当雷电过电压超过线路绝缘水平时,就会引起绝缘子串闪络或线间、线对接地体闪络而发生故障。大风引起的振动会造成输电导线疲劳断股甚至断线。振荡、跳跃和舞动会造成导线间闪络,也会引起导线断股、断线。大风时,导线对杆塔放电或摆动周期不一,也会造成线间闪络,烧坏导线、断股甚至断线。导线和架空地线的温度在 0℃ 以下时,易形成电线积冰,当机械荷载超过设计允许值到一定程度时,就会造成断线、倒杆、倒塔事故。

5.5.4　气象灾害对城市建设的影响

气象灾害对丰镇市城市建设的影响日益突出,影响较大的有高温、暴雨洪涝、雷电、大风等。夏季高温极易引起中暑等疾病的增加。持续高温天气还会造成单位、居民大量使用制冷设备,供电供水系统长时间超负荷运转,停电事故增加。汛期暴雨洪涝会导致城区地势低洼、排水不畅的区域极易发生内涝,使得交通瘫痪,影响城市正常运转和市民正常生活。雷击是丰镇市城镇现代化建设的又一大灾害,可能造成建筑物、电器的损坏,供电网络、计算机和网络通信系统的瘫痪,威胁人民生命财产安全。近年来,丰镇市雷暴日数逐年增多,雷击伤亡时有发生,造成的经济损失也呈增大趋势。大风常常吹倒户外广告牌、树木等,造成人员伤亡。冬季积雪会导致交通瘫痪等。

5.5.5　气象灾害对人体健康的影响

天气气象条件是影响人体生理、心理感觉的一种重要因素。气温过高或过低可以引发多种疾病,甚至死亡。沙尘天气中含有一些污染物,呼吸后对人体健康不利。大气污染直接或间接地影响人体健康,会引起感官和生理机能的不适反应,产生亚临床和病理的改变,出现临床体征或存在潜在的遗传效应,发生急、慢性中毒或死亡等。

第6章 气象灾害防御措施

6.1 非工程性措施

6.1.1 防灾减灾指挥系统的建设

（1）市应急管理局突发应急平台建设

市应急管理局作为市政府的应急管理机构，应建立突发公共事件应急平台，统一协调灾害应急管理工作，支撑应急预案实施，提高政府应对突发公共事件能力。应急平台包括应急日常值守、预案管理、信息接入与整合、应急处置、指挥调度等功能。通过对各职能部门的信息资源进行整合，形成一个以应急办为中枢，面向各职能部门提供统一服务、综合应急的指挥系统，逐步建立"结构完整、功能全面、反应灵敏、运转高效"的突发公共事件应急体系，全面履行政府应对突发公共事件的职责。同时，应发挥气象部门现有的突发公共事件预警信息短信发布平台，加强和完善气象灾害预警建设。

（2）市防汛防旱指挥系统建设

市政府设立防汛防旱指挥机构，指挥机构办公室设在市防汛办。指挥机构实行统一领导、分级负责，建有完善的监测设施，具备完备的防汛防旱预案和洪涝、干旱灾害处置应急措施，并及时向市政府领导报告和传达自治区、市"防指"的各项指令，按指令对有关防洪抗旱工程进行调度，联络、协调各成员单位和各乡镇抗洪抗旱抢险救灾等工作。镇、村（社区）、企事业等基层单位，根据需要设立防汛防旱办事机构，负责本行政区域或本单位的防汛抗旱和水利工程险情处置工作。

（3）部门防灾减灾系统建设

春季和夏季，丰镇市容易出现干旱、洪涝、冰雹、雷击和霜冻等灾害。当监测到可能有重大灾情发生时，应及时成立相应的气象灾害防御临时指挥部，临时指挥部办公地点设在市气象部门。指挥机构要迅速反应，根据灾害应急预案，及时向有关单位布置防灾减灾工作。气象部门应逐步建立气象多灾种预警指挥中心，加强气象灾害防御管理，减少或避免因灾害带来的损失。

6.1.2　气象灾害监测监控

（1）建立气象综合监测网

组建各乡镇自动气象监测网，实现乡镇全覆盖；在灾害隐患点和地质灾害易发区域建立远程无线实景监控系统；在旅游景区和农业基地建多要素自动气象站。

（2）建立完善实时气象报警系统

依托"两个体系"建设，实现天气预警到达农村、社区，当有灾害性天气出现时，能够随时启动农村的大喇叭等设备，及时进行自动报警。

6.1.3　气象灾害预报预警

完善丰镇市气象灾害的预报警报系统和气象灾害预警短信发布系统，开展灾害性天气和气象灾害的短时临近预报业务，建立覆盖面广、响应及时的气象灾害预警信息发布体系。

（1）开展精细化的气象灾害预报服务

应用各种实时观测资料，对上级台站的预报进行小空间尺度的订正，提高气象灾害精细化预报警报质量，实行从灾害性天气预报向气象灾害预报的转变。

（2）完善气象预报预警业务流程

完善丰镇市短时预报、临近预报和警报的业务流程,实时发布灾害性天气和气象灾害种类、强度、落区警报,开展跨部门、跨地区气象灾害联防。

(3)开拓预警信息发布和接收渠道

依托突发公共事件预警信息发布平台,推广手机短信、农村大喇叭、农村气象预警电子显示屏等发布渠道,开展乡镇"信息直通系统"服务,解决预警信息及时传递到村到户。

6.1.4　气象灾害防御

6.1.4.1　暴雨洪涝灾害防御

(1)加强暴雨预报预警

做好暴雨的预报警报工作,根据暴雨预报及时做好暴雨来临前的各项防御措施。认真检查防洪工程,发现隐患,立即整改,城市地下排水系统要采取预排空措施,防止城镇内涝。

(2)加强防洪工程建设

在洪涝高风险区,应提高水利设施的防御标准与经济社会发展相适应,降低暴雨洪涝灾害发生的风险性。对防洪工程开展综合治理,修筑堤防,整治河道,合理采取蓄、泄、滞、分等工程措施。

(3)加强防洪应急避险

居住在山体易滑坡地带、低洼地带、有结构安全隐患房屋等危险区域人群,遇洪涝灾害应及时转移到安全区域。

(4)加强黄灌区防护

做好大田作物和设施农业田间管理,加强农田排涝设施建设和维护,遇洪涝灾害及时做好排涝。

6.1.4.2　地质灾害防御

(1)建立健全地质灾害监测预警网络

开展地质灾害调查评价,完善地质灾害群测群防网络体系,建立重要突发性地质灾害及地面沉降专业监测网络,实现地质灾害的监测预警。

(2)提高地质灾害应急处置与救援能力

加强地质灾害应急处置和救援能力建设。组建应急队伍,开展救援演练,当收到地质灾害预警信息后,受影响地区的公众应当立即撤离危险区。地质灾害发生后,应急小分队应当快速反应,立即奔赴事发地点救援。

(3)加强地质灾害防治

积极推进新农村建设中各项地质灾害防治工作,做好农村受灾被毁耕地及基础设施的恢复、整理和重建,加强农村地质灾害基本知识宣传,提高广大农民防灾抗灾意识和自救互救能力。

(4)加强地质灾害防治信息系统建设

大力推进地质灾害防治信息资源的集成、整合、利用与开发,促进信息共享,实现地质灾害防治管理网络化、信息规范化、数据采集与处理自动化。

6.1.4.3　干旱防御

(1)加强干旱监测预报

重视干旱监测预报,开展土壤墒情监测,建立与旱灾相关的气象资料和灾情数据库,对丰镇市干旱灾害高风险区,开展干旱预测,实现旱灾的监测预警服务。

(2)适时开展人工增雨

对将出现或已出现旱情的地区进行调查,开展干旱状况评估,指导适时开展人工增雨作业,合理开发利用空中水资源,减少干旱损失,改善生态环境。

(3)重视水利工程建设

整修水库和抗旱提水工程,切实加强农田水利建设。

(4)加强防旱植被建设

对于干旱发生的高风险区,加大绿化力度,在交通主干道两侧建设

"绿色长廊",推进农村绿化建设,减少农田水分蒸发。因地制宜推广耐旱作物或树种的种植。

6.1.4.4　大风防御

(1)加强大风监测预报预警

气象部门应做好大风监测预报,当有寒潮、强对流天气来临时,及时向社会公众发布大风预警信息和防御指引。

(2)加强大风灾害防御

在接收到大风预报或预警信息后,应根据防御指引,及时科学地加固棚架、临时搭建物、广告牌及现代农业设施,停止露天集体活动,停止高空、水上户外作业。

(3)加强防风设施建设

永久性和临时建筑以及农业产业、农业设施等应根据大风灾害风险区划进行规划,加大对防风设施建设的投入力度。大力推广蔬菜基地、花卉苗木等园区防风林带建设。

6.1.4.5　雷电防御

(1)加强防雷安全管理

建立防雷管理机制,制定农村防雷技术规范。各乡镇和有关单位应根据雷击风险等级,采取定期检测制度,发现雷击隐患及时整改,减少雷击灾害事故。

(2)加强科普教育宣传

加强雷电科普知识和防雷减灾法律法规宣传,实现雷电防护知识进村入户,提高群众防雷减灾意识。增强群众自我防护和救助能力,有效减轻雷电灾害损失。

(3)加强雷电监测与预警

按照"布局合理、信息共享、有效利用"的原则,规划和建设雷电监测网,提高雷电灾害预警和防御能力,及时发布、传播雷电预警信息,扩大预警信息覆盖面,提前做好预防措施。

(4)加强雷电技术服务

规范和加强防雷基础设施建设。做好防雷装置设计技术性审查和防雷装置检测工作。建立防雷产品测试和检验技术服务体系,保证防雷产品的质量安全。

(5)加强雷击灾害调查分析

做好雷击灾害调查和鉴定工作,提供雷击灾害成因的技术性鉴定意见,为雷击灾害事故的处理及灾后整改与预防提供科学客观的法律依据。

6.1.4.6 冰雹防御

(1)提高冰雹监测和预报水平

加强气象雷达跟踪探测,开展冰雹等强对流天气预报技术研究,探索冰雹临近预报,进一步提高预报准确率。

(2)提高人工防雹技术

通过对高炮作业人员的培训,提高识别冰雹云的能力,有效地利用"三七"高炮进行人工防雹,减轻冰雹危害。

6.1.4.7 高温防御

(1)加强高温预报预警

做好高温的监测和预报,通过多种渠道,及时向群众发布高温报告以及防御对策。

(2)做好高温防御

根据气象台发布的高温预报,做好各种防暑准备,各相关部门应做好供电、供水、防暑医药用品和清凉饮料供应准备,并改善工作环境及休息条件。加强城市绿化建设,削弱热岛效应,减轻城市高温危害。

6.1.4.8 沙尘暴防御

(1)加强沙尘暴监测预报预警

做好沙尘暴监测预报和预警信号的发布,沙尘暴易发区遇沙尘天气应积极发挥气象协理员队伍作用进行沙尘暴监测。为设施农业和各企事业单位开展沙尘暴预报服务。

（2）做好敏感行业沙尘暴防御

农业、林业、交通、电力等部门应根据预警信息、防御指引和应急预案加强指导工作。做好农业设施、输电设施、交通运输的防沙尘工作。

6.1.4.9　霜冻防御

（1）做好霜冻预报预警

气象部门应做好霜冻预报服务，及时发布预警信息，提醒相关部门和公众按照防御指引做好防冻保暖措施。

（2）做好农作物防冻工作

农业、林业等部门应加强指导各地经济作物和设施农业田间管理，积极采取科学防冻措施。选育抗冻抗寒良种，提高农作物抵御霜冻能力。

6.1.4.10　主要农业气象灾害防御

（1）马铃薯

马铃薯生育期内主要的气象灾害是高温和干旱。马铃薯防御高温干旱的主要措施是：选择抗旱性强的品种；适时增加土壤水分，防止干旱发生；实行节水栽培，减少土壤水分蒸发。影响马铃薯的灾害还有病虫害，主要是晚疫病，严重时可以引起马铃薯绝产。7月，在块茎形成和膨大期如遇到高温、高湿天气，利于病菌形成，需要特别关注。

（2）玉米

霜冻：玉米苗期易受其影响，当最低气温达到 0℃ 时受到轻度伤害，最低气温低于 −3℃ 时会造成死苗。

卡脖旱：在玉米抽雄到吐丝阶段出现的干旱俗称卡脖旱，容易造成雌雄穗间间隔时间长，花期不遇，严重影响产量。

病虫害：干旱时期是玉米虫害多发期，多雨时玉米病害猖獗。通过开展田间调查以及和农业植保站密切合作开展气象条件和病虫害相关性分析，为决策部门和农牧民提供病虫害防御服务。玉米螟和玉米丝黑穗病是丰镇市玉米多发病虫害，根据温度、湿度、光照条件制作监测信息产品，提供防御对策。

（3）燕麦

霜冻：燕麦本身属于喜欢凉爽但是不耐寒的作物，在温度最适合的时候种植燕麦，种子在 3℃就可以发芽，幼苗可以忍受 3℃的低温环境，在麦类作物里燕麦属于最不耐寒的一种产物。霜冻对燕麦的危害非常大。

降水量：燕麦对水分的要求比大麦、小麦高，种子发芽时约需自身重 65％的水分，燕麦的蒸腾系数相比于大麦和小麦要高，消耗的水分也相对多，生长期间如果水分不充足，就会使种子不充实从而降低质量。在优质的栽培环境下，各个地区的土壤都可以获得非常良好的收成，富含腐殖质的湿润土壤是最佳的，燕麦对于酸性的土壤适应能力会比其他的麦类农作物强很多，不过不适合用盐碱土进行栽培。

6.2　工程性措施

6.2.1　气象灾害防御指标

6.2.1.1　干旱指标

选择《气象干旱等级》标准（GB/T 20481—2006）中的降水距平百分率作为确定干旱发生的指标，该方法运算简便，能直观反映降水异常引起的干旱，适合气象服务日常使用，评定干旱事件。

降水距平百分率（P_a）的计算公式为

$$P_a = \frac{P - \overline{P}}{\overline{P}} \times 100$$

式中，P_a 为某一时段降水距平百分率；P 为某一时段降水量，单位为毫米（mm）；$\overline{P}$ 为计算时段同期气候平均降水量，单位为毫米（mm）；n 为 1～50，$i = 1, 2, 3, \cdots, n$。

$$\overline{P} = \frac{1}{n} \sum_{i=1}^{n} P_i$$

降水量距平百分率气象干旱等级标准见表 6.1。

表 6.1　降水量距平百分率气象干旱等级划分表

等级	类型	降水量距平百分率(%)		
		月尺度	季尺度	年尺度
1	无旱	$-40<P_0$	$-25<P_0$	$-15<P_0$
2	轻旱	$-60<P_0\leqslant-40$	$-50<P_0\leqslant-25$	$-30<P_0\leqslant-15$
3	中旱	$-80<P_0\leqslant-60$	$-70<P_0\leqslant-50$	$-40<P_0\leqslant-30$
4	重旱	$-95<P_0\leqslant-80$	$-80<P_0\leqslant-70$	$-45<P_0\leqslant-40$
5	特旱	$P_0\leqslant-95$	$P_0\leqslant-80$	$P_0\leqslant-45$

6.2.1.2　暴雨指标

暴雨是引发城镇积涝和山洪暴发的主要因素之一,持续的强降水是造成丰镇市洪涝灾害的主要原因。暴雨指标是评价洪涝发生的客观指标,对防洪防汛工程设计具有重要的参考价值。利用丰镇市气象站历史观测资料,选择单日最大降水量,计算日降水量重现期为暴雨设防指标(图 6.1)。

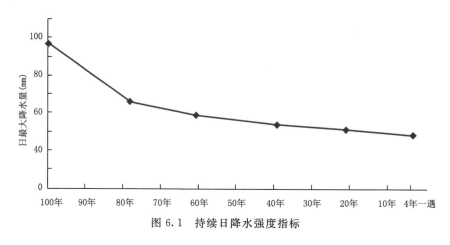

图 6.1　持续日降水强度指标

6.2.1.3　霜冻指标

终霜冻指标:以历年平均终霜日为依据,当年终霜日较历年推迟 1～3 d 为正常,推迟 4～11 d 为轻霜冻,推迟 12～20 d 为中霜冻,21 d 及以上为重霜冻。

初霜冻指标:以历年平均初霜日为依据,当年初霜日较历年提前 1~4 d 为正常,提前 5~7 d 为轻霜冻,提前 8~10 d 为中霜冻,提前 11 d 及以上为重霜冻。

丰镇市霜冻灾害发生次数见表 6.2。

表 6.2　丰镇市霜冻灾害出现次数(次)

初/终霜	程度	出现次数	初/终霜	程度	出现次数
初霜冻	轻	16	终霜冻	轻	18
	中	5		中	11
	重	11		重	13
	合计	32		合计	42

6.2.1.4　大风指标

依据丰镇市气象站历年大风日数资料,计算各种概率下的大风日数指标(图 6.2),100 年一遇的大风日数为每年 28 d,50 年一遇的大风日数为每年 15 d,30 年一遇的大风日数为每年 10 d,10 年一遇的大风日数为每年 8 d。5 年一遇的大风日数为每年 6 d。

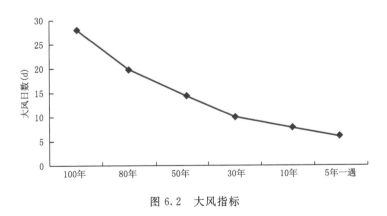

图 6.2　大风指标

6.2.1.5　沙尘暴指标

依据丰镇市气象站历年沙尘暴日数资料,计算各种概率下的沙尘暴日数指标(图 6.3),100 年一遇的沙尘暴日数为每年 10 d,80 年一遇的沙

尘暴日数为每年 7 d,50 年一遇的沙尘暴日数为每年 4 d,30 年一遇的沙
尘暴日数为每年 3 d。10 年一遇的沙尘暴日数为每年 2 d,5 年一遇 1 d。

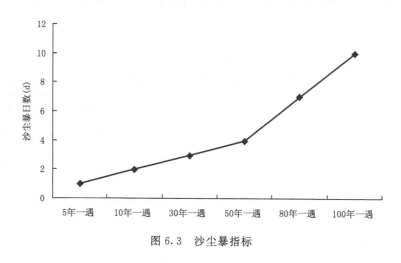

图 6.3　沙尘暴指标

6.2.1.6　雷暴指标

依据丰镇市气象站历年雷暴日数资料,计算各种概率下的雷暴日数
指标(图 6.4),100 年一遇的雷暴日数为每年 42 d,50 年一遇为 34 d,30
年一遇为 30 d,10 年一遇为 28 d,5 年一遇为 25 d,2 年一遇为 22 d。

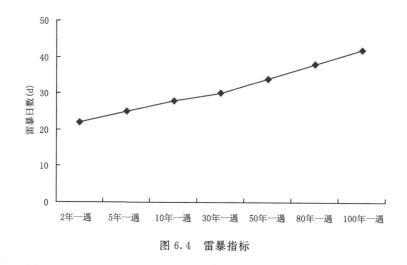

图 6.4　雷暴指标

6.2.2　气象灾害防御工程建设

6.2.2.1　城市防洪防涝工程

市区所在地没有河流,只有一条人工小河,城市地下排水系统不太完善。人工河两岸有较高堤坝,一般洪水无法漫过防洪堤坝,城市排水系统的不完善,可能导致暴雨内涝严重,需加大城市排水防涝系统建设。

6.2.2.2　人工影响天气工程

受气候变化和环境影响,近年来丰镇市高温、旱情发生频繁。为合理开发和利用空中水资源,缓解高温干旱,改善生态环境,市政府加大"人工影响天气"工程建设投入力度,成立丰镇市人工影响天气办公室,办公室设在市气象局,负责指挥管理人工防雹、人工增雨作业。全市建立 3 个人工防雹炮点及人工增雨基地,在此基础上建立 1 个烟炉人工增雨点,并配备必要的增雨作业装备。

6.2.2.3　防雷工程

加强雷电探测、预警预报和防雷装置建设,覆盖率要求达 100%。针对不同的建(构)筑物或场所,不同的信息系统及电子设备,不同的地质、地理和气象环境条件,开展雷击风险评估,量身定制雷电防护方案与防雷措施。重视农村地区的防雷工作,规范和加强农村地区的防雷安全监督和检测工作。按计划推进农村防雷示范村和示范工程建设。

6.2.2.4　应急避险工程

各乡镇、行政村要根据当地实际,建立气象灾害应急避灾点,避险场所的容纳力应根据实际情况和需求确定,要求地势较高、不受洪涝和地质灾害影响、交通便利、钢混结构、防雷设施检测合格、能抵御 10 级以上大风等重大灾害性天气的袭击,医疗救治、电力供应、救灾物资有保障。

6.2.2.5　信息网络工程

实施"农村气象灾害防御"和"农村气象服务"两大体系工程,建立气象灾害监测资料实时传输网络。完善国家、省、市、县(市)四级气象高速宽带网和气象会商系统。建立和完善气象部门与乡镇的视频会商系统和信息直通系统。完善气象预警信息发布系统,完善突发公共事件应急平台和防汛防旱指挥部信息网络工程建设。

6.2.2.6　应急保障工程

加强应急保障工程建设,完善应急保障机制,配备气象应急车。当市内化工企业、油库等高危单位及交通干道等公共场所发生危险易燃易爆化学品、有毒气体泄漏扩散时,第一时间开展气象应急保障。充分利用公共突发事件应急平台,实施全程监测预警,提供跟踪气象服务,为应急处置、决策服务提供科学支撑。

第7章　气象灾害防御管理

7.1　组织体系

7.1.1　组织机构

成立由市政府领导、各相关部门为主要成员的市气象灾害防御工作领导小组,负责气象灾害防御管理的日常工作。领导小组下设三个办公室,即气象灾害应急管理办公室、人工影响天气办公室、防雷减灾管理办公室。各乡镇按"五有"(有职能、有人员、有场所、有装备、有考核)标准组建气象信息员工作站,明确分管领导,落实气象灾害防御任务。

7.1.2　工作机制

建立健全"党委领导、政府主导、部门联动、分级负责、全民参与"的气象灾害防御工作机制。加强领导和组织协调,层层落实"责任到人、纵向到底、横向到边"的气象防灾减灾责任制。加强部门和各乡镇分灾种专项气象灾害应急预案的编制和管理工作,并组织开展经常性的预案演练。健全"部门、乡镇、村"三级信息互动网络机制,完善气象灾害应急响应的管理、组织和协调机制,提高气象灾害应急处置能力。

7.1.3　队伍建设

加强气象灾害防范应对专家队伍、应急救援队伍、气象助理员、信息员队伍和气象志愿者队伍建设。各乡镇设置气象助理员职位,明确气象助理员任职条件和主要任务,在行政村(社区)设立气象信息员,在有关企事业单位、关键公共场所以及人口密集区建立气象志愿者队伍。不断优化完善助理员队伍培训和考核评价管理制度。

(1)气象助理员主要任职条件

具有较好的思想政治素质、较强的责任心和协作精神,能积极主动配合市气象部门的组织管理工作;具备履行职责的基本知识和身体素质,了解本辖区内可能发生的各类气象灾害和气象灾害防御的重点区域,熟练掌握各类防灾避险和自救措施;由专任或兼职人员担任,并要兼任各乡镇信息服务站工作;按照"条件明确、单位推荐、本人自愿,签订协议"的原则实行聘任制。由市气象局对其进行集中培训和考核,对经培训并考核合格人员发给聘用证书。

(2)气象助理员主要职责

负责气象灾害预报与警报的接受和传播,并根据当地实际,采取相应的防灾减灾措施,协助当地政府和有关部门做好气象防灾避险、自救、互救工作;负责气象灾害信息收集与上报,并协助上级气象部门人员赴现场进行灾害情况调查、评估和鉴定。及时将辖区内发生的气象灾害、气象次生灾害及其他突发公共事件上报市气象局;负责辖区内有关气象设施的维护和管理;依法开展防雷减灾安全管理工作,收集辖区内重点雷电防御单位及重要防雷设施信息,协助做好辖区内雷电防护技术服务工作;负责对本乡镇行政村、社区、学校等单位气象信息员、气象志愿者队伍的组织管理,负责气象信息服务站工作,对气象服务信息的及时性、正确性、前瞻性进行反馈。

7.2　气象灾害防御制度

7.2.1　风险评估制度

风险评估是对面临的气象灾害威胁、防御中存在的弱点、气象灾害造成的影响以及三者综合作用而带来风险的可能性进行评估。建立城乡规划、重大工程建设的气象灾害风险评估制度。建立相应的强制性建设标准，将气象灾害风险评估纳入城乡规划和工程建设项目行政审批内容。确保在规划编制和工程立项中充分考虑气象灾害的风险性，避免和减少气象灾害的影响。市气象局组织开展本辖区气象灾害风险评估，为市政府经济社会发展布局和编制气象灾害防御方案、应急预案提供依据。风险评估的主要任务是识别和确定面临的气象灾害风险，评估风险强度和概率以及可能带来的负面影响和影响程度，确定受影响地区承受风险的能力，确定风险消减和控制的优先程度与等级，推荐降低和消减风险的相关对策。

7.2.2　部门联动制度

部门联动制度是全社会防灾减灾体系的重要组成部分，应加快减灾管理行政体系的完善，出台明确的部门联动相关规定与制度，提高各部门联动的执行意识和积极性。针对气象灾害、安全事故、公共卫生、社会治安等公共安全问题的划分，进一步完善政府与各部门在减灾工作中的职能与责权的划分，加强对突发公共事件预警信息发布平台的应用，做到分工协作，整体提高，强化信息与资源共享，加强联动处置，完善防灾减灾综合管理能力。

7.2.3　应急准备认证制度

气象灾害应急准备工作认证，是对乡镇（工业园区）、气象灾害重点防御单位、普通企事业单位、农业种养大户等的气象防灾减灾基础设施和组织体系进行评定，以此促进气象灾害应急准备工作的落实，提高气象灾害预警信息的接收、分发、应用能力和气象灾害的监测、报告、应对能力，从而确保重大气象灾害发生时，能够有效保护人民群众的生命财产安全。为有效促进和提高基层单位的气象灾害应急准备工作和主动防御能力，推动全社会防灾减灾体系建设,市人民政府颁布《丰镇市气象灾害应急准备工作认证管理办法》,出台《丰镇市气象灾害应急准备工作认证实施细则》,正式实施气象灾害应急准备认证制度。

7.2.4　目击报告制度

目前,气象设施对气象灾害的监测能力虽然有了显著增强,但仍然存在许多监测缝隙,需要建立目击报告制度,使市气象局对正在发生或已经发生的气象灾害和灾情有及时详细的了解,为进一步的监测预警打下基础,从而提高气象灾害的防御能力。各乡镇气象信息员工作站以及镇助理员、村信息员应及时收集上报辖区内发生的灾害性天气、气象灾害、气象次生灾害及其他突发公共事件信息,并协助气象等部门工作人员进行灾害调查、评估与鉴定。鼓励社会公众第一时间向市气象局、乡镇气象信息员工作站上报目击信息,对目击报告人员给予一定的奖励。

7.3　气象灾害应急处置

7.3.1　组织方式

市人民政府是全市气象灾害应急管理工作行政领导机构,市气象灾害防御工作领导小组应急管理办公室和市气象局具体负责实施气象灾害应急工作和日常工作。

7.3.2　应急流程

(1)预警启动级别

按气象灾害的强度,气象灾害预警启动级别分为特别重大气象灾害预警(Ⅰ级)、重大气象灾害预警(Ⅱ级)、较大气象灾害预警(Ⅲ级)、一般气象灾害预警(Ⅳ级)四个等级。市气象局根据气象灾害监测、预报、预警信息及可能发生或已经发生的气象灾害情况,启动不同预警级别的应急响应,报送市人民政府和相关机构,并通知市气象灾害防御工作领导小组成员单位和各乡镇人民政府。

(2)应急响应机制

对于即将影响全市较大范围的气象灾害,市政府气象灾害防御指挥机构应立即召开气象灾害应急协调会议,作出响应部署。各成员单位按照各自职责,立即启动相应等级的气象灾害应急防御、救援、保障等行动,确保气象灾害应急预案有效实施,并及时报告市人民政府和灾害防御指挥机构,通报各成员单位。对于突发气象灾害,市气象局直接与受灾害影响区域的单位联系,启动相应的村镇、社区应急预案。

(3)信息报告和审查

各地出现气象灾害,单位和个人应立即向地方政府和市气象局报告。对收集到的气象灾害信息进行分析核查,及时提出处置建议,迅速报告市指挥机构。同时,要加强联防,并通报下游地区做好防御工作。

(4)灾害先期处置

气象灾害发生后,事发地乡镇人民政府、市有关部门和责任单位应及时、主动、有效地进行处置,控制事态,并将事件和有关先期处置情况按规定上报市气象局和市政府应急管理办公室。

(5)应急终止

气象灾害应急结束后,由市气象局提出应急结束建议,报市气象灾害防御工作领导小组同意批准后实施。

7.4　气象灾害防御教育与培训

7.4.1　气象科普宣传教育

积极推进丰镇市气象科普示范村创建,动员基层力量广泛开展气象科普工作。市、乡镇、村要制定气象科普工作长远计划和年度实施方案，并按方案组织实施，把气象科普工作纳入经济社会发展总体规划。各级领导班子要重视气象科普工作，乡镇、村要有科普工作分管领导，并有专人负责日常气象科普工作。科普示范村建有由气象信息员、气象科普宣传员、气象志愿者等组成的气象科普队伍，经常向群众宣传气象科普知识，每年结合农时季节，组织不少于两次面向村民的气象科普培训或科普宣传活动。

7.4.2　气象灾害防御培训

实施"百村万户"气象灾害防御培训工程，广泛开展气象灾害防御知识宣传，增强人民群众气象灾害防御能力。加强对农民、中小学生的防灾减灾知识和防灾技能的宣传教育。把气象助理员、气象信息员的气象防灾减灾知识培训纳入行政学校培训体系，使培训常态化、规模化、系统化，为气象助理员队伍健康发展奠定坚实基础。定期组织气象灾害防御演练，提高公众灾害防御意识和正确使用气象信息及自救互救能力。

第8章 气象灾害评估与恢复重建

8.1 气象灾害的调查评估

8.1.1 气象灾害的调查

气象灾害发生后,以民政部门为主体,对气象灾害造成的损失进行全面调查,水利、农业、林草、气象、自然资源、建设、交通、保险等部门按照各部门职责,共同参与调查,及时提供并交换水文灾害、重大农业灾害、重大森林草原火灾、地质灾害、环境灾害等信息。气象部门还应当重点调查分析灾害的成因。

8.1.2 气象灾害的评估

市气象局应当开展气象灾害的灾前预评估、灾中评估和灾后评估工作。

(1)灾前预评估

气象灾害出现之前,依据灾害风险区划和气象灾害预报,预评估气象灾害强度、影响区域、影响程度、影响行业,提出防御对策建议,为政府决策提供重要依据。

(2)灾中评估

对影响时间较长的气象灾害,如干旱、洪涝等进行灾中评估。跟踪气象灾害的发展,快速反映灾情实况,预估灾害扩大损失和减灾效益。开展气象灾害实地调查,及时与民政、水利、农业、林草等部门交换、核对灾情信息,并按灾情直报规程报告上级气象主管机构和市人民政府。

(3)灾后评估

灾后对气象灾害成因、灾害影响以及监测预警、应急处置和减灾效益做出全面评估,编制气象灾害评估报告,为政府及时安排救灾物资、划拨救灾经费、科学规划和设计灾后重建工程等提供依据。在充分调查研究当前灾情并与历史灾情进行对比的基础上,不断修正完善气象灾害风险区划、应急预案和防御措施,更好地应用于防灾减灾工作。

8.2 救灾与恢复重建

8.2.1 救灾

(1)开展灾民救助安置

建立气象灾害防御的社会响应系统。由政府相关部门组织实施灾民救助安置和管理工作,确保受灾民众的基本生活保障。

(2)实施综合性减灾工程

修订灾后重建工程建设设计标准,包括受灾体损毁标准和修复标准、灾害损失评估标准、重建工程质量标准与技术规范、重建工作管理规范化标准等。

(3)完善灾害保险机制

发展各种形式的气象灾害保险,扩大灾害保险的领域,提高减灾的社会经济效益。

8.2.2 恢复重建

灾后恢复重建既是灾害发生后救灾工作的继续,也是建设与发展、对灾毁家园的恢复和经济发展新的增长点。根据减灾与发展需求,灾后重建工作要由传统的救灾安置型转为适应可持续发展战略需要的发展型灾后重建。各有关部门应当在对受灾情况、重建能力及可利用资源评估后，制定灾后重建和恢复生产、生活的计划，报市政府批准后进行恢复、重建。

灾害重建需要高新技术的支持和高水平灾害科学理论的指导。科研技术部门要加强相关理论和技术的研究，特别是灾后重建的重大工程技术研究，如工程建筑技术、受灾体探伤技术、质量检验技术、信息处理传输技术等。

第 9 章　保障措施

9.1　加强组织领导

充分认识气象灾害防御的重要性,把气象灾害防御作为当前的一项重要工作,放在突出位置。成立由市政府统一领导,气象、水利、建设等相关部门主要负责人参与的气象灾害防御指挥部,统一决策、统一开展气象防灾减灾工作。要紧紧围绕防灾减灾这个主题,把气象灾害防御培训作为一个基础性工作来抓,为加强气象灾害防御组织领导夯实思想基础和组织基础。

9.2　纳入发展规划

坚持以"创经济强市、建生态丰镇、构和谐社会"为战略目标,在制订丰镇市社会经济发展规划大纲、城镇总体规划时,把气象灾害防御工作纳入总体规划之中,把气象事业发展纳入全市经济发展的中长期规划和年度计划。在规划和计划编制中,充分体现气象防灾减灾的作用和地位,明确气象事业发展的目标和重点,实现丰镇市经济社会和气象防灾减灾的协调发展。

9.3　强化法规建设

加强气象法制建设和气象行政管理。切实履行社会行政管理职能,创新管理方式,依法管理涉及气象防灾减灾领域的各项活动,不断提高气象灾害防御行政执法的能力和水平。加大对气象基础设施保护和对气象探测、公共气象信息传播、雷电灾害防御等活动监管的力度,确保气象法律、法规全面落实。积极开展多种形式的气象法制和气象科普宣传活动,让人民群众了解气象、认识气象、应用气象。

9.4 健全投入机制

紧密围绕人民群众需求和经济发展需要,建立和完善气象灾害防御经费投入机制,进一步加大对气象灾害监测预警、信息发布、应急指挥、防灾减灾工程、基础科学研究等方面的投入。各乡镇以及水利、气象、农业、自然资源、林草、建设、交通等相关部门应加大对工程建设的投入,每年安排年度投入预算,提前按照项目投资计划,报市财政和市发改委审核,并纳入市、乡镇两级财政以及经济社会发展计划。鼓励和引导企业、社会团体等对气象灾害防御经费的投入,多渠道筹集气象防灾减灾资金。充分发挥金融保险行业对灾害的救助、损失的转移分担和在恢复重建工作中的作用。

9.5 依托科技创新

气象灾害防御工作要紧紧围绕丰镇市经济社会发展需求,开发和利用气候资源能力,集中力量开展科研攻关,努力实现气象科技新的突破,增强全社会防御和减轻气象灾害能力,适应和减缓气候变化能力,为保持经济社会平稳较快发展提供有力支撑。加强气象科技创新,增加气象科技投入,加大对气象领域高新技术开发研究的支持,加快气象科技成果的应用和推广。

9.6　促进合作联动

各部门、乡镇应加强合作联动,建立长效合作机制,实现资源共享,特别是气象灾害监测、预警和灾情信息的实时共享,促进气象防灾减灾能力不断提高,利用交流合作契机,丰富防灾减灾内涵。加强与其他部门的合作,促进资源信息共享和人才的合理有序流动。建设高素质气象科技队伍,扩大气象科技省内外交流与合作,促进气象事业全面协调可持续发展,为地方经济发展和防灾减灾提供强有力保障。

9.7　提高防灾意识

加强气象灾害防御宣传,组织开展内容丰富、形式多样的气象灾害防御知识宣传培训活动。报纸、电视、广播等新闻媒体要牢牢抓住灾害防御的特殊性、针对性和实效性,加强典型宣传,切实提高全民防灾意识。加强气象助理员和气象信息员队伍建设,做到乡镇有气象助理员,部门有气象联络员,行政村有气象信息员,负责气象灾害预警信息的接收传播以及灾情收集与上报、气象科普宣传等,协助当地政府和有关部门做好气象防灾减灾工作。